编 委 会

高职高专项目导向系列教材

无机产品检验技术

邸万山　主编
赵连俊　主审

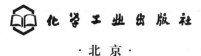

化学工业出版社

·北京·

本书是根据项目导向教学模式编写的。

全书共分七个情境，介绍了水质分析、煤的工业分析、硅酸盐水泥分析、化学肥料分析、钢铁分析、气体分析、化工生产过程分析等内容。每个情境有几个子情境和必备知识（及拓展知识）组成。每个子情境由情境描述、测定原理、仪器及试剂、测定过程、数据处理和关键技术六部分组成；本书中子情境内容均参考新的国家及行业标准，方便读者学习和应用。

本书在内容上力求体现现代分析测试技术，在符合国家及行业标准的前提下，介绍了相关的先进仪器设备，以便于读者了解和适应现代工业分析技术的发展。

本教材可作为高职高专工业分析专业的教材，也可作为企业分析工作者的参考用书。

图书在版编目（CIP）数据

无机产品检验技术/邸万山主编. —北京：化学
工业出版社，2012.7（2023.1重印）
高职高专项目导向系列教材
ISBN 978-7-122-14464-5

Ⅰ.①无… Ⅱ.①邸… Ⅲ.①无机化工-化工产
品-质量检验-高等职业教育-教材 Ⅳ.①TQ110.7

中国版本图书馆 CIP 数据核字（2012）第 124206 号

责任编辑：窦　臻　　　　　　　　　文字编辑：刘志茹
责任校对：顾淑云　　　　　　　　　装帧设计：刘丽华

出版发行：化学工业出版社（北京市东城区青年湖南街 13 号　邮政编码 100011）
印　　装：北京印刷集团有限责任公司
787mm×1092mm　1/16　印张 7　字数 160 千字　　2023 年 1 月北京第 1 版第 6 次印刷

购书咨询：010-64518888　　　　　　　　售后服务：010-64518899
网　　址：http://www.cip.com.cn
凡购买本书，如有缺损质量问题，本社销售中心负责调换。

定　　价：22.00 元

序

辽宁石化职业技术学院是于 2002 年经辽宁省政府审批，辽宁省教育厅与中国石油锦州石化公司联合创办的与石化产业紧密对接的独立高职院校，2010 年被确定为首批"国家骨干高职立项建设学校"。多年来，学院深入探索教育教学改革，不断创新人才培养模式。

2007 年，以于雷教授《高等职业教育工学结合人才培养模式理论与实践》报告为引领，学院正式启动工学结合教学改革，评选出 10 名工学结合教学改革能手，奠定了项目化教材建设的人才基础。

2008 年，制定 7 个专业工学结合人才培养方案，确立 21 门工学结合改革课程，建设 13 门特色校本教材，完成了项目化教材建设的初步探索。

2009 年，伴随辽宁省示范校建设，依托校企合作体制机制优势，多元化投资建成特色产学研实训基地，提供了项目化教材内容实施的环境保障。

2010 年，以戴士弘教授《高职课程的能力本位项目化改造》报告为切入点，广大教师进一步解放思想、更新观念，全面进行项目化课程改造，确立了项目化教材建设的指导理念。

2011 年，围绕国家骨干校建设，学院聘请李学锋教授对教师系统培训"基于工作过程系统化的高职课程开发理论"，校企专家共同构建工学结合课程体系，骨干校各重点建设专业分别形成了符合各自实际、突出各自特色的人才培养模式，并全面开展专业核心课程和带动课程的项目导向教材建设工作。

学院整体规划建设的"项目导向系列教材"包括骨干校 5 个重点建设专业（石油化工生产技术、炼油技术、化工设备维修技术、生产过程自动化技术、工业分析与检验）的专业标准与课程标准，以及 52 门课程的项目导向教材。该系列教材体现了当前高等职业教育先进的教育理念，具体体现在以下几点：

在整体设计上，摒弃了学科本位的学术理论中心设计，采用了社会本位的岗位工作任务流程中心设计，保证了教材的职业性；

在内容编排上，以对行业、企业、岗位的调研为基础，以对职业岗位群的责任、任务、工作流程分析为依据，以实际操作的工作任务为载体组织内容，增加了社会需要的新工艺、新技术、新规范、新理念，保证了教材的实用性；

在教学实施上，以学生的能力发展为本位，以实训条件和网络课程资源为手段，融教、学、做为一体，实现了基础理论、职业素质、操作能力同步，保证了教材的有效性；

在课堂评价上，着重过程性评价，弱化终结性评价，把评价作为提升再学习效能的反馈工具，保证了教材的科学性。

目前，该系列校本教材经过校内应用已收到了满意的教学效果，并已应用到企业员工培训工作中，受到了企业工程技术人员的高度评价，希望能够正式出版。根据他们的建议及实际使用效果，学院组织任课教师、企业专家和出版社编辑，对教材内容和形式再次进行了论证、修改和完善，予以整体立项出版，既是对我院几年来教育教学改革成果的一次总结，也希望能够对兄弟院校的教学改革和行业企业的员工培训有所助益。

感谢长期以来关心和支持我院教育教学改革的各位专家与同仁，感谢全体教职员工的辛勤工作，感谢化学工业出版社的大力支持。欢迎大家对我们的教学改革和本次出版的系列教材提出宝贵意见，以便持续改进。

辽宁石化职业技术学院　院长　蒋维举

2012 年春于锦州

前 言

"无机产品检验技术"是高职高专工业分析与检验专业一门重要的专业课。本教材是按照高职高专教育工业分析与检验专业培养目标，以项目导向，工作过程系统化为教学模式编写，体现"实际、实践、实用"的原则。教材注重内容的科学性、先进性、实用性、应用性和综合性，培养具有从事分析检验技术工作必需的专业知识、专业技能和全面素质，面向石油、化工、冶金、轻工、食品、医药、环保等部门，从事分析检验工作及化验室管理工作的高素质高级技能型专门人才。

本书介绍了原料、中间产品、产品质量、生产过程控制、产品研发等所涉及的分析方法，选择典型、成熟、有代表性的实验，参考最新的国家或行业标准，结合我国工业分析现有的仪器、设备、技术水平及实训室条件，适当介绍新方法、新仪器。测试手段包括重量法、滴定法、分光光度法和色谱分析法。

教材共分 7 个情境，包括水质分析、煤的工业分析、硅酸盐水泥分析、化学肥料分析、钢铁分析、气体分析、化工生产过程分析。主要介绍测定方法、测定原理、测定步骤、数据处理、关键技术等。原理浅显易懂，测定步骤简练易做，问题阐述明了，符合学生的认知水平和工业分析岗位对学生知识、能力和素质的要求。

本教材由辽宁石化职业技术学院邸万山主编（编写情境一、情境二、情境三、情境五、情境六、情境七）；辽宁石化职业技术学院王新参编（编写情境四）；辽宁石化职业技术学院赵连俊主审。

由于编者水平有限，可能出现疏漏和不足之处，敬请批评指正并提出宝贵建议，在此表示感谢。

编者
2012 年 3 月

目 录

水 质 分 析

子情境一　自来水中溶解氧的测定——碘量法

一、情境描述

　　水中溶解氧（简称 DO）是水生生物生存不可缺少的条件，是水体自净能力的表示。天然水中溶解氧近于饱和值，含量约为 12mg/L。当水中溶解氧低于 4mg/L 时，就会引起鱼类窒息死亡，对于人类来说，健康的饮用水中溶解氧含量不得小于 6mg/L。所以溶解氧大小能够反映出水体受到的污染，特别是有机物污染的程度，是衡量水质的综合指标。

二、测定原理

　　水中溶解氧测定的基准方法是碘量法。水样中加入硫酸锰和碱性碘化钾，水中的溶解氧将二价锰氧化成三价、四价锰，生成氢氧化物棕色沉淀。加酸后，氢氧化物沉淀溶解并与碘离子反应生成与溶解氧量相当的碘。以淀粉为指示剂，用硫代硫酸钠标准滴定溶液滴定生成的碘，从而计算出溶解氧含量。

　　1. 在碱性条件下，二价锰生成白色的氢氧化亚锰沉淀：

$$MnSO_4 + 2NaOH \!=\!=\! Na_2SO_4 + Mn(OH)_2 \downarrow$$

　　2. 水中溶解氧与 $Mn(OH)_2$ 作用生成 Mn(Ⅲ) 和 Mn(Ⅳ)：

$$2Mn(OH)_2 + O_2 \!=\!=\! 2H_2MnO_3 \downarrow (棕色)$$

$$4Mn(OH)_2 + O_2 + 2H_2O \!=\!=\! 4Mn(OH)_3$$

　　3. 在酸性条件下，Mn(Ⅲ) 和 Mn(Ⅳ) 将 I^- 氧化为 I_2：

$$H_2MnO_3 + 2H_2SO_4 + 2KI \!=\!=\! MnSO_4 + K_2SO_4 + I_2 + 3H_2O$$

　　4. 用硫代硫酸钠标准滴定溶液滴定生成的碘：

$$2Na_2S_2O_3 + I_2 \!=\!=\! Na_2S_4O_6 + 2NaI$$

三、仪器及试剂

仪器

   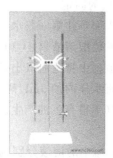

取样桶　　　　取样瓶　　　　电子分析天平　　　　滴定分析装置

试剂

1. 硫酸或磷酸溶液　1∶1；

2. 硫酸溶液　1mol/L；

3. 碱性碘化钾混合溶液　称取 30g 的氢氧化钠、20g 碘化钾溶于 100mL 水，摇匀；

4. 硫酸锰溶液（340g/L）　称取 34g 硫酸锰，加 1mL 硫酸溶液，溶解后，用水稀释至 100mL，若溶液不清，则需过滤；

5. 碘酸钾标准溶液（0.0025mol/L）　称取于 180℃下干燥的碘酸钾（KIO_3）5.4g，加适量水溶解，转移至 1000mL 容量瓶中，用水稀释至刻度，摇匀。准确移取 100mL 此溶液至 1000mL 容量瓶中，用水稀释至刻度，摇匀；

6. 硫代硫酸钠标准滴定液　0.010mol/L；

硫代硫酸钠标准滴定溶液的配制：称取 2.5g 五水硫代硫酸钠用新煮沸并冷却的水溶解，再加 0.4g 的氢氧化钠，稀释至 1000mL，溶液贮存于深色玻璃瓶中。

硫代硫酸钠标准滴定溶液的标定：准确移取 25.00mL 0.0025mol/L 碘酸钾标准溶液于 250mL 碘量瓶中，加入 100mL 的水、0.5g 的碘化钾、5mL 1mol/L 硫酸溶液，混合均匀，盖上瓶塞，加水封，在暗处放置 5min，用硫代硫酸钠溶液滴定释放出的碘，当溶液呈浅黄色时，加 1mL 淀粉指示剂，继续滴定至蓝色刚好完全消失。计算硫代硫酸钠标准滴定溶液的浓度。

$$KIO_3 + 5KI + 3H_2SO_4 = 3K_2SO_4 + 3I_2 + 3H_2O$$

$$I_2 + 2Na_2S_2O_3 = Na_2S_4O_6 + 2NaI$$

$$KIO_3 \backsim 3I_2 \backsim 6Na_2S_2O_3$$

$$c(Na_2S_2O_3) = \frac{6m_{KIO_3}}{V_{(Na_2S_2O_3)}M_{KIO_3} \times 10^{-3}}$$

7. 淀粉溶液　10g/L；

8. 高锰酸钾溶液　0.002mol/L；

9. 硫酸钾铝溶液　100g/L。

四、测定过程

1. 水试样的采集

在采取水样前，先将取样瓶、取样桶洗净，并冲洗取样管。然后将两个取样瓶放在取样桶内，在取样管上接一个玻璃三通，并把三通上连接的两根厚壁胶管分别插入两个取样瓶底，调整水样流速为 700mL/min 左右。并使水样液位超过取样瓶口 150mm 后，将取样管轻轻地由瓶中抽出。

2. 溶解氧的固定

立即在水面下往第一瓶水样中加入 1mL 硫酸锰溶液。往第二瓶水样中加入 5mL 磷酸溶液（1∶1）或硫酸溶液（1∶1）。用滴定管往两瓶中各加入 3mL 碱性碘化钾混合液，将瓶塞盖紧，然后由桶中将两瓶取出，摇匀后再放置在水面下。待沉淀物下沉后，打开瓶塞，在水面下向第一瓶水样内加 5mL 磷酸溶液（1∶1）或硫酸溶液（1∶1），向第二瓶内加入 1mL 硫酸锰溶液（不得有沉淀产生。否则重新测试），将瓶塞盖好，立即摇匀。

3. 滴定

将 A、B 瓶中的溶液分别倒入 2 只 1000mL 烧杯中，并将水样溶液冷却到 15℃以下（碘和淀粉的反应灵敏度与温度间有一定的关系，温度高时滴定终点的灵敏度会降低），分别用硫代硫酸钠标准滴定溶液滴定至淡黄色，加 1mL 淀粉指示剂，继续滴定至蓝色刚好完全消失。记录消耗硫代硫酸钠标准滴定溶液的体积。

五、数据处理

水中溶解氧的含量 C（O_2，mg/L）按下式计算：

$$O_2 \leftrightharpoons 4Na_2S_2O_3$$

$$C(O_2,mg/L) = \frac{cV_1M_{O_2} \times 10^3}{4(V_A - V'_A)} - \frac{cV_2M_{O_2} \times 10^3}{4(V_B - V'_B)}$$

式中　c——硫代硫酸钠标准滴定溶液的浓度，mol/L；

　　　V_1——滴定 A 瓶水样消耗的硫代硫酸钠标准滴定溶液的体积，相当于水样中所含溶解氧、氧化剂、还原剂和加入的碘化钾混合液所生成的碘量以及所有试剂中带入的含氧总量所生成的碘量，mL；

　　　V_A——A 瓶的容积，mL；

　　　V'_A——A 瓶中所加硫酸锰溶液、碱性碘化钾混合液、硫酸以及高锰酸钾溶液的体积之和，mL；

　　　V_2——滴定 B 瓶水样消耗的硫代硫酸钠标准滴定溶液的体积，相当于水样中所含氧化剂、还原剂和加入的碘化钾混合液所生成的碘量，mL；

　　　V_B——B 瓶的容积，mL；

　　　V'_B——B 瓶中所加硫酸锰溶液、碱性碘化钾混合液、硫酸以及高锰酸钾溶液的体积之和，mL；

　　　M_{O_2}——氧气的摩尔质量，g/mol。

若水样进行了预处理，按下式计算：

$$溶解氧(O_2,mg/L) = \frac{V}{V-V'}C(O_2,mg/L)$$

式中　V——1000mL 具塞瓶的真实体积，mL；

　　　V'——加入硫酸铝钾溶液和氨水的体积，mL。

六、关键技术

1. 在有氧化物或还原物的情况下，需取两个试样。

2. 若直接在细口瓶内进行滴定，小心地虹吸出上部分相应于所加酸溶液容积的澄清液，而不扰动底部沉淀物。

3. 若水样是强酸性或强碱性，可用氢氧化钠或硫酸溶液调至中性后测定。

4. 由于加入试剂，样品会由细口瓶中溢出，但影响很小，可忽略不计。

5. 取样时要注意勿使水中含氧量有变化，在取样操作中要按规程进行。

必备知识

一、水样的采取

水质分析的结果必须反映水质的真实状况，首先应尽可能采集具有代表性的水样，其次是准确的分析测定。从水中取出反映水质质量的水称为水样，将水样从水中分离出来的过程就是水样的采取即采样。采样首先进行现场调查、收集资料、制定采样计划、确定采样的方法、采样器、采样时间和频率、采样量，水样的运输、保存、预处理以及人员分工等。填好采样记录，粘贴水样标签，注明水样名称、采样地点、采样人员、采样方法、时间、温度、情境等，收样人与采样人、送样人认真核对。

1. 采样容器

采样容器见表1-1。

表 1-1 采样容器

容器种类	容器特点	盛装样品种类	适用范围
塑料容器	耐腐蚀性强，不含金属离子和无机化合物，且质量轻、抗冲击性强	分析无机物的水样	分析水中硅、钠、碱度、氯化物、电导率、pH 值和硬度等
硬质玻璃磨口瓶	无色透明、耐腐蚀性强，易洗涤干净	分析有机物的水样	分析有机物，亦可用于检测生物和微生物
惰性容器	对于光敏性物质，包括藻类，需防止光照，使用不透明的材料或无光化作用的玻璃容器，而且应放在透光的箱子里	含有溶解性气体、含油量水样、锅炉用水	分析含有溶解性气体、含油量水样、锅炉用水分析中有些特定成分分析使用特定水样容器

注：容器在使用前必须洗涤，一般程序是洗涤剂、自来水、稀酸浸泡、自来水冲洗、蒸馏水。再用水样冲洗三次以上（或根据规定）之后才能采取水样。

2. 采样器

采样器见图1-1。

(a) 采集天然水的采样器 (b) 便携式水质监测采样系统

图 1-1 采样器

3. 采样方法

采样方法见表1-2。

表 1-2 采样方法

天然水的采样	工业用水采样	工业污水和生活污水的采样
采取江、河、湖、水库和泉水等地面水样或普通井水水样时，根据河宽和水深，将采样器浸入水面下0.5m、河底上0.5m处采样，并在不同地点采样混合成供分析用的水样	① 工业给水采样一般在泵的出口处采样 ② 从管道或水处理装置中采取处理水水样应选择有代表性的采样部位，安装采样器以700mL/min进行采样 ③ 从高温、高压装置或管道中采样必须加装减压装置和良好的冷却器，水样温度不能高于40℃，再按②的方法采样 ④ 分析不稳定成分的水样随采随测。或采样后立即采取预处理措施，将不稳定成分转化为稳定状态，然后再送到分析室分析	工业污水的排放量和污染组分的浓度比较恒定时，每隔相同时间采集等量污水混合而成即平均水样；工业污水排放量和污染组分的浓度不恒定时，在不同时间依据流量大小按比例采取污水混合而成，即平均比例混合水样。生活污水的采取与工业污水采取相似，根据分析目的，采取平均水样或平均比例混合水样或每一时间的单独分析水样

4. 采样量

采取的水样的数量应满足分析和复核需要。供全分析的水样不得少于 5L，若水样浑浊时应分装两瓶，供单项分析用的水样不得少于 0.3L。

5. 水样的运输和保存

（1）水样的运输　水样运输过程中，为使水样不受污染、损坏和丢失，保证水样的完整性、代表性，应注意以下几点：

① 用塞子塞紧采样容器，塑料容器塞紧内、外塞子，有时用封口胶、石蜡封口（测油类水样除外）。

② 采样容器装箱，用泡沫塑料或纸条作衬里和隔板，防止碰撞损坏。

③ 需冷藏的水样，应配备专门的隔热容器，放入制冷剂，将水样置于其中；冬季应采取保温措施，防止冻裂样品容器；避免日光直接照射。

④ 根据采样记录和水样登记表，运送人和接收人必须清点和检查水样，并在登记表上签字，写明日期和时间，送样单和采样记录应由双方各保存一份待查。

⑤ 水样运输允许的最长时间为 24h。

（2）水样的保存　水样从采取到分析这段时间内，水样组分常易发生变化，引起水样变化的因素有：物理因素挥发和吸附作用等，如水样中 CO_2 挥发可引起 pH 值、总硬度、酸（碱）度发生变化，水样中某些组分可被容器壁或悬浮颗粒物表面吸附而损失；化学因素化合、配合、水解、聚合、氧化还原等，这些作用将会导致水样组成发生变化；生物因素由于细菌等微生物的新陈代谢活动使水样中有机物的浓度和溶解氧浓度降低；水与盛样容器之间的相互作用。

最常用的水样保存方法如下。

① 将容器充满　对于分析物理、化学参数的水样，一种最简单的防护措施是将长颈瓶完全充满，并且将瓶盖盖紧，使水样上面没有空气存在。这样就是限制了水样与气相之间的相互作用，避免了运送过程中的搅动（避免二氧化碳含量的改变，pH 值不引起变化；碳酸氢盐不致转变为可沉淀的碳酸盐；减少了铁被氧化的倾向，控制颜色的变化）。注意在冰冻情况下水样容器不能完全充满。

② 使用适宜的容器　前面已介绍水样与容器材质的作用，根据情境和水样性质选择适当的容器盛装水样，使容器不能成为污染来源，不吸收或吸附待测物质，不与水样发生化学反应。

③ 冷藏、冷冻　水样置冰箱或冰-水浴中于暗处，冷藏温度为 4℃左右；把水样置于冰柜或制冷剂中贮存，冷冻温度为 −20℃左右。注意冷冻时水的膨胀作用。冷藏和冷冻抑制生物活动，减缓物理挥发和化学反应速率，因不加化学试剂，对以后测定无影响。

④ 化学方法保存　加入化学保护剂如生物抑制剂（$HgCl_2$、$CuSO_4$、$CHCl_3$ 等）抑制微生物；加入酸或碱，强酸（如 HNO_3）或强碱（如 NaOH）改变水样的 pH 值，从而使待测组分处于稳定状态；加入氧化剂或还原剂防止被测物被氧化或被还原。

水样的存放时间受其性质、温度、保存条件以及分析要求等因素影响，有很大的差异，一般来说未受污染的水可存放 72h，受污染的水可存放 12～24h。

二、水样的预处理

水样的预处理的目的是去除共存的干扰组分，并把含量低、形态各异的组分处理到适合于分析的含量及形态。常用的水样预处理方法有水样的消解、挥发、蒸馏、萃取、离子交换、过滤等方法。

1. 消解

水样的消解是将水样与酸、氧化剂、催化剂等共置于回流装置或密闭装置中,加热分解并破坏有机物的一种方法,分析金属化合物时多采用。处理后消除有机物和悬浮物的干扰,以及将金属化合物转变成简单、稳定的形态,并达到浓缩的目的。消化后的水样应清澈、透明、无沉淀。

湿法消解有硝酸消解法、硝酸-高氯酸消解法、硫酸-高锰酸钾消解法、硝酸-硫酸消解法、硫酸-磷酸消解法等;干法消解又称干灰化法、高温分解法,水样于白瓷蒸发皿或石英中,置于水浴上蒸干,移入高温炉内,于 $450 \sim 550 \, ℃$ 灼烧到残渣呈灰白色,使有机物完全分解除去。取出蒸发皿,冷却,用适量 2% HNO$_3$(或 HCl)溶解样品灰分,过滤,滤液定容后测定。本方法不适用于处理测定易挥发组分(如砷、汞、镉、硒、锡等)的水样。此外还有多元消解方法,碱分解法等,根据水样的性质,适当选用。

2. 挥发

挥发分离法是利用某些污染组分挥发度大,或者将待测组分转变成易挥发物质,然后用惰性气体带出而达到分离的目的。

3. 蒸馏

蒸馏法是利用水样中各组分具有不同的沸点而使其彼此分离的方法。测定水样中的挥发酚、氰化物、氟化物、氨氮时,均需在酸性介质中进行预蒸馏分离。蒸馏具有消解、富集和分离三种作用。

4. 萃取

溶剂萃取法的原理是物质在不同的溶剂相中分配系数不同,根据相似相溶原理,用一种与水不相溶的有机溶剂与水样一起混合振荡,然后放置分层,此时有一种或几种组分进入到有机溶剂中,另一些组分仍留在试液中,从而达到分离、富集的目的。常用于常量元素的分离;痕量元素的分离与富集;若萃取组分是有色化合物可直接比色(称萃取比色法)。主要适用于有机物的萃取,对于无机物的萃取需先加入一种试剂,使其与水相中的无机离子态组分相结合,生成一种不带电、易溶于有机溶剂的物质,从而被有机相萃取出来。

5. 离子交换

离子交换法是利用离子交换树脂与溶液中的离子发生交换作用而使离子分离的方法。

离子交换分离操作程序为树脂的选择和处理、离子交换柱的填装、离子交换、洗脱。离子交换在富集和分离微量或痕量元素应用较广泛。例如测定天然水中 K$^+$、Na$^+$、Ca^{2+}、Mg^{2+}、SO$_4^{2-}$、Cl$^-$ 等组分,取数升水样,分别流过阳离子、阴离子交换柱,再用稀 HCl 洗脱阳离子,用稀 NH$_3$·H$_2$O 洗脱阴离子,这些组分的浓度增加数十倍至百倍。

6. 过滤

水样浑浊或带有明显的颜色时,对分析结果有一定影响,常采用澄清、离心或过滤等来分离不可滤残渣,特别是用适当孔径的过滤器可有效地除去细菌和藻类。一般采用 $0.45 \mu m$ 滤膜过滤,通过 $0.45 \mu m$ 滤膜部分为可过滤态水样,通不过的称为不可过滤态水样。用滤膜、离心、滤纸或砂芯漏斗等方式处理水样,它们阻留不可过滤残渣的能力大小顺序是滤膜>离心>滤纸>砂芯漏斗。

拓展知识

一、水的分类

水在自然界中以气、液、固三种聚集状态存在，广泛分布于地面、地下和大气中（雨、雪等），故天然水分为地面水、地下水和大气水。

二、工业用水

工业用水指供工业生产使用的水，不同用途对工业用水的要求不同。工业用水分为原料用水、生产用水、锅炉用水、各种污水（指生活污水、医院污水和工业污水）。

三、水质指标

水质指标一般分为物理指标、化学指标及生物指标，物理指标有水温、色度、浊度、臭、透明度等；化学指标有各种无机物含量，和有机物含量，如 COD、BOD_5、pH 值、汞等；生物指标有细菌总数、大肠菌群数等。

四、水质标准

水质标准是表示生活用水、农业用水、工业用水、工业污水等各种用途的水中污染物质的最高允许浓度或限量阈值的具体限制和要求，即水的质量标准。为了更好地利用水和保护我们周围的水环境，规定了各类水质标准。如地表水水质标准、农业灌溉用水水质标准、工业锅炉用水水质标准、渔业用水水质标准、饮用水水质标准及各种污水排放标准等。参见相应的水质国家标准。

五、水质分析

水质根据水的来源与用途来进行分析。水质全分析有：外观、碱度、硬度、Ca^{2+}、Mg^{2+}、Fe^{3+}、Fe^{2+}、Al^{3+}、CO_2、SO_4^{2-}、Cl^-、NH_4^+、O_2、NO_2^-、NO_3^-、H_2S、SiO_2、COD、BOD_5、腐殖酸盐、全固物质、悬浮物、溶解固体、pH 值、灼烧残渣等。

锅炉用水分析有硬度、碱度、浊度、pH 值、SO_4^{2-}、Cl^-、NO_2^-、NO_3^-、PO_4^{3-}、固体物质、全硅、全铝、O_2、发泡量、油、铁、钠、钾、铜等。

污水分析有 pH 值、悬浮物、硫化物、氟化物、氰化物、铬、镉、铜、锌、铅、汞、砷、COD、BOD_5、挥发酚、油、农药等，其分析视污染源的不同而确定。

子情境二　污水中氨氮的测定——蒸馏滴定法

一、情境描述

水中氨化合物的多少，可以作为衡量水体含氮有机物污染程度的指标。测定水中氨氮有助于评价水体被污染程度和"自净"程度。水中氨氮的来源主要是生活污水中含氮有机物受微生物分解的产物以及某些工业废水等。氨氮属于第二类污染物，其最高允许排放浓度为 1.0mg/L（一、二级标准）。

二、测定原理

取一定体积的试样，调节 pH＝6.0～7.4 范围，加入氧化镁使溶液呈微碱性。加热蒸馏，释出的氨用硼酸溶液吸收，以甲基红-亚甲基蓝为指示剂，用盐酸标准滴定溶液滴定。根据消耗的盐酸标准滴定溶液的体积，求出试样中氨氮的含量。

蒸馏　$NH_4^+ + OH^- = NH_3\uparrow + H_2O$

吸收　$H_3BO_3 + 3NH_3 =\!\!= (NH_4)_3BO_3$

滴定　$(NH_4)_3BO_3 + 3HCl =\!\!= H_3BO_3 + 3NH_4Cl$

三、仪器及试剂

仪器

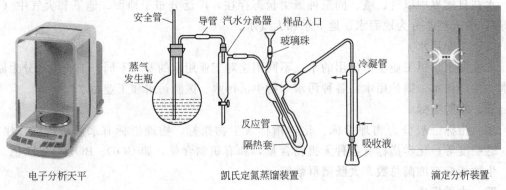

电子分析天平　　　　　　凯氏定氮蒸馏装置　　　　　滴定分析装置

试剂

1. 盐酸标准滴定溶液　0.10mol/L；

2. 氢氧化钠溶液　1mol/L；

3. 轻质氧化镁　在 500℃时灼烧除去其中的碳酸盐；

4. 吸收液　硼酸指示剂溶液：称取 0.5g 水溶性甲基红溶于约 800mL 水中，稀释至 1000mL；再称取 1.5g 亚甲基蓝溶于约 800mL 水，稀释至 1000mL。将 20g 硼酸（H_3BO_3）溶于温水，冷至室温，加入 10mL 甲基红溶液和 2mL 亚甲基蓝溶液，稀释至 1000mL；

5. 甲基红-亚甲基蓝指示剂：2 份 1g/L 甲基红乙醇溶液与 1 份 1g/L 亚甲基蓝乙醇溶液；

6. 沸石和防沫剂（石蜡碎片等）。

四、测定过程

1. 采样

按采样要求采集具有代表性的试样于聚乙烯瓶或玻璃瓶中。

2. 样品保存

采样后尽快分析，否则应在 2~5℃下存放，或用硫酸将样品酸化，使其 pH 值<2（应注意防止酸化样品吸收空气中的氨而被污染）。

3. 试样体积的选择

试样体积的选择见表 1-3。

表 1-3　水样体积的选择

氨浓度/(mg/L)	试样体积/mL	氨浓度/(mg/L)	试样体积/mL
<10	250	20~50	50
10~20	100	50~100	25

4. 试样的制备

准确移取 50.00mL 试样（如氨氮含量较高，可取适量水样并加水至 250mL，使氨氮含量不超过 2.5mg），移入蒸馏烧瓶中，加数滴溴百里酚蓝指示液，用氢氧化钠溶液或盐酸溶液调节 pH 值至 7 左右。加入 0.25g 轻质氧化镁和数粒玻璃珠，立即连接氮球和冷凝管，导管下端插入 50mL 吸收液液面下。加热蒸馏，馏出液的收集速率约为 10mL/min。收集至馏出液达 200mL 时，停止蒸馏。将馏出液转移至 250mL 容量瓶中，加水至刻度，混匀。

5. 测定

准确移取 25.00mL 试液，置于 250mL 锥形瓶中，加 3 滴甲基红-亚甲基蓝指示剂，用 0.10mol/L 盐酸标准滴定溶液滴定滴定至紫色，即为终点。记录消耗盐酸溶液体积。同时做空白试验。

五、数据处理

氨氮的含量按下式计算：

$$氨氮(mg/L) = \frac{10c(V-V_0)M_N}{V_{样} \times 10^{-3}}$$

式中 c——盐酸标准滴定溶液的浓度，mol/L；

V——滴定试样时消耗盐酸溶液的体积，mL；

V_0——空白试验时消耗盐酸溶液的体积，mL；

$V_{样}$——试样的体积，mL；

M_N——氮的摩尔质量，g/mol。

六、关键技术

1. 若试样中存在余氯，加入几粒结晶硫代硫酸钠或亚硫酸钠去除。

2. 滴定由含铵量高的水样所得馏出液时，可用 0.02mol/L 盐酸标准滴定溶液滴定。

3. 尿素、挥发性胺类、氯胺等干扰，产生正误差。

4. 氨只要被蒸馏至吸收瓶就可以滴定。如果氨的蒸出速率很慢，表明可能存在干扰物质，它仍在缓慢水解产生氨。

子情境三 污水中挥发酚的测定

一、情境描述

酚是水体中的重要污染物，会影响水生生物的正常生长，使水产品发臭。水中酚含量超过 0.3mg/L 可引起鱼类的回避，是高毒物质。生活饮用水和Ⅰ、Ⅱ类地表水水质限值均为 0.002mg/L，污染水体中最高容许排放浓度为 0.5mg/L（一、二级标准）。本方法检出限为 0.017mg/L。

二、测定原理

挥发酚是指沸点在 230℃ 以下，与水蒸气一起蒸出的酚类，一般为一元酚。挥发酚在 pH=10±0.2 和铁氰化钾的存在下，与 4-氨基安替比林反应，生成橙红色的吲哚安替比林染料，于波长 510nm 处测定吸光度（若用氯仿萃取此染料，有色溶液可稳定 3h，可于波长 460nm 处测定吸光度），根据标准曲线查出水样中挥发酚的含量。

三、仪器及试剂

仪器

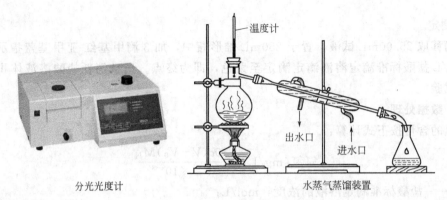

分光光度计　　　　　　　　　　　　水蒸气蒸馏装置

试剂

1. 无酚水　于 1L 水中加入 0.2g 经 200℃ 活化 0.5h 的活性炭粉末，充分振摇后，放置过夜。用双层中速滤纸过滤，或加氢氧化钠使水呈强碱性，并滴加高锰酸钾溶液至紫红色，移入蒸馏瓶中加热蒸馏，收集馏出液备用。无酚水应贮存于玻璃瓶中，取用时应避免与橡胶制品（橡皮塞或乳胶管）接触；

2. 硫酸铜溶液　100g/L；

3. 磷酸溶液　1∶10；

4. 甲基橙指示液　0.5g/L；

5. 苯酚标准贮备液　1.0mg/mL。

苯酚贮备液的配制：称取 1.00g 无色苯酚溶于水，转移至 1000mL 容量瓶中稀释至标线，放入冰箱内保存。至少稳定一个月。

苯酚贮备液的标定：准确移取苯酚贮备液 10.00mL 于 500mL 碘量瓶中，加水稀释至约 100mL，精确加入 0.016mol/L 溴酸钾-溴化钾标准溶液 20.00 mL，加 1∶1 盐酸 10mL，立即塞紧瓶塞，混合均匀，水封，于暗处静置 15min 后，加 1g 碘化钾，立即塞紧瓶塞，混合均匀，水封，静置 5min。用 0.02mol/L 硫代硫酸钠标准滴定溶液滴定至溶液淡黄色后，加 2mL 10g/L 淀粉溶液继续滴定至蓝色刚好消失，同时做空白试验。按下式计算苯酚标准贮备溶液浓度。

$$KBrO_3 + 5KBr + 6HCl \longrightarrow 6KCl + 3Br_2 + 3H_2O$$

$$\text{C}_6\text{H}_5\text{OH} + 3Br_2\,(过量) \longrightarrow \text{C}_6\text{H}_2\text{Br}_3\text{OH} \downarrow + 3HBr$$

$$Br_2\,(剩余) + 2KI \longrightarrow 2KBr + I_2$$

$$I_2 + 2Na_2S_2O_3 \longrightarrow 2NaI + Na_2S_4O_6$$

$$苯酚\,(mg/mL) = \frac{c_{Na_2S_2O_3}\,(V_0 - V)\,M_{苯酚}}{6V_{样}}$$

式中　$c_{Na_2S_2O_3}$——硫代硫酸钠标准滴定溶液的浓度，mol/L；

V_0——空白试验消耗硫代硫酸钠标准滴定溶液的体积，mL；

V——标定苯酚消耗硫代硫酸钠标准滴定溶液的体积，mL；

$V_{样}$——移取苯酚贮备液的体积，mL；

$M_{苯酚}$——苯酚的摩尔质量，g/mol。

6. 苯酚标准使用液　0.0010mg/mL，准确移取 1.00mL 苯酚贮备液至 1000mL 容量瓶中，加水稀释至标线，摇匀，使用时当天配制；

7. 溴酸钾-溴化钾标准溶液　0.016mol/L，称取 2.7g 溴酸钾（$KBrO_3$）溶于水，加 10g 溴化钾（KBr）使其溶解，加水稀释至 1000mL，转移至试剂瓶中备用；

8. 盐酸　1∶1；

9. 硫代硫酸钠标准滴定溶液　0.05mol/L，称取 12.5g 五水硫代硫酸钠溶于煮沸放冷的水中，加 0.2g 碳酸钠，稀释至 1000mL，使用前以重铬酸钾为基准物标定；

10. 淀粉溶液　10g/L 水溶液，冷后，置冰箱内保存；

11. 缓冲溶液　pH≈10，称取 20g 氯化铵（NH_4Cl）溶于 100mL 氨水中，加塞，置冰箱中保存；

12. 4-氨基安替比林　20g/L，置于冰箱中保存可使用一周；

13. 铁氰化钾溶液　80g/L，置于冰箱中保存可使用一周。

四、测定过程

1. 试样预处理

准确移取 50.00mL 试样（如果已知水中酚含量较高可适当减少取样量），置于 500mL 蒸馏烧瓶中，加 200mL 水，加数粒小玻璃珠以防暴沸，再加 2 滴甲基橙指示液，用磷酸溶液调节至溶液呈稳定红色（pH＜4），加 5.0mL 硫酸铜溶液（如采样时已加过硫酸铜，则补加适量）。若加入硫酸铜溶液后产生较多的黑色硫化铜沉淀，则应摇匀后放置片刻，待沉淀后，再滴加硫酸铜溶液，至不再产生沉淀为止。

2. 试样蒸馏

连接冷凝器，加热蒸馏至馏出液约 225mL 时，停止加热，放冷。向蒸馏瓶中加入 25mL 水，继续蒸馏至馏出液为 250mL 为止。蒸馏过程中，如发现甲基橙的红色褪去，应在蒸馏结束后，再加 1 滴甲基橙指示液。若发现蒸馏后残液不呈酸性，则应重新取样，增加磷酸加入量，进行蒸馏。将蒸馏液置于 250mL 容量瓶中，加水至刻度，混匀。

3. 标准曲线的绘制

准确移取酚标准使用液 0.00mL、1.00mL、3.00mL、5.00mL、7.00mL、10.00mL、12.00mL 分别置于七支 100mL 容量瓶中。每支容量瓶中分别加 10mL 水、5.0mL 缓冲溶液、5.0mL 4-氨基安替比林溶液、5.0mL 铁氰化钾溶液，混匀后，放置 10min，于波长 510nm 处测量吸光度。经空白校正后，以吸光度为纵坐标，苯酚质量（μg）为横坐标，绘制吸光度对苯酚质量的标准曲线。

4. 试样的测定

准确移取馏出液 25.00mL 置于 100mL 容量瓶中，加 10mL 水、5.0mL 缓冲溶液、5.0mL 4-氨基安替比林溶液、5.0mL 铁氰化钾溶液，混匀后，放置 10min，于波长 510nm 处测量吸光度。减去空白试验所得吸光度。

5. 空白试验

以水代替试样，经蒸馏后，按试样测定相同步骤进行测定，其测定结果即为试样测定的空白校正值。

五、数据处理

挥发酚的含量按下式计算：

$$挥发酚(mg/L) = \frac{m \times \frac{250}{25} \times 10^{-3}}{V_样 \times 10^{-3}} = \frac{10m}{V_样}$$

式中　m——从标准曲线上查得苯酚试样的质量，μg；

　　　$V_样$——样品的体积，mL。

六、关键技术

1. 加热蒸馏是测定的关键。

2. 试样含挥发酚较高时，准确移取适量试样并加水至 250mL 进行蒸馏，在数据处理时乘以稀释倍数。

3. 试样中含挥发性酸时，可使馏出液 pH 值降低，此时应在馏出液中加入氨水呈中性后，再加入缓冲溶液。

4. 标定苯酚和硫代硫酸钠标准滴定溶液应准确。

5. 蒸馏时试样中加入硫酸铜。

6. 试样进行蒸馏时应呈酸性还是碱性。

子情境四　污水中化学耗氧量的测定

一、情境描述

化学耗氧量（简称 COD）反映了水受还原性物质污染的程度。也作为有机物相对含量的综合指标之一。属第二类污染物，最高允许排放浓度为 60mg/L（一、二级标准）。对于比较洁净的地表水、饮用水多采用高锰酸钾法；若为工业废水必须用重铬酸钾法。

二、测定原理

化学耗氧量是指在一定条件下，氧化 1L 水样中还原性物质所消耗的氧化剂的量，以氧的含量（mg/L）表示。在强酸性溶液中，在水样中加硫酸汞和催化剂硫酸银，用重铬酸钾氧化水样的还原性物质，加热沸腾后回流 2h，过量的重铬酸钾以 1,10-邻菲啰啉做指示剂，用硫酸亚铁铵标准滴定溶液回滴，在同样条件下作空白试验，根据标准滴定溶液用量计算水样的化学耗氧量。

污水 COD 值大于 50mg/L 时，可用 0.25mol/L 的 $K_2Cr_2O_7$；污水 COD 为 5～50mg/L 时可用 0.025mol/L 的 $K_2Cr_2O_7$。

$$K_2Cr_2O_7 + 水中还原性物质 \xrightarrow[Ag_2SO_4\text{-}HgSO_4,回流]{H_2SO_4} 2K^+ + 2Cr^{3+} + 7H_2O$$

$$6FeSO_4 + K_2Cr_2O_7 + 7H_2SO_4 = 3Fe_2(SO_4)_3 + K_2SO_4 + Cr_2(SO_4)_3 + 7H_2O$$

三、仪器及试剂

仪器

电子分析天平　　　回流装置　　　滴定分析装置　　　250mL容量瓶

试剂

1. 硫酸银；

2. 硫酸汞；

3. 硫酸；

4. 硫酸银-硫酸溶液　向1L硫酸中加入10g硫酸银，放置1～2天使之溶解，并混匀，使用前小心摇动；

5. 重铬酸钾标准溶液　0.04000mol/L：将11.7672g在105℃干燥2h后的重铬酸钾溶于水中，转移至1000mL容量瓶中，加水稀释至刻线，摇匀；

6. 硫酸亚铁铵标准滴定溶液　0.10mol/L；

硫酸亚铁铵标准滴定溶液的配制：称取39g硫酸亚铁铵于水中，加入20mL浓硫酸，待溶液冷却后加水稀释至1000mL，转移至试剂瓶中备用。

硫酸亚铁铵标准滴定溶液的标定：准确移取10.00mL重铬酸钾标准溶液置于250mL锥形瓶中，用水稀释至约100mL，加入30mL硫酸，混匀冷却后，加3滴（约0.15mL）试亚铁灵指示剂，用0.10mol/L硫酸亚铁铵溶液滴定，溶液的颜色由黄色经蓝绿色变为红褐色，即为终点。记录下硫酸亚铁铵的消耗量 V（mL），并按下式计算硫酸亚铁铵标准滴定溶液浓度。

$$c\left[(NH_4)_2Fe(SO_4)_2 \cdot 6H_2O\right] = \frac{6c_{K_2Cr_2O_7}V_{K_2Cr_2O_7}}{V}$$

7. 邻苯二甲酸氢钾标准溶液（2.0824mmol/L）　称取105℃时，干燥2h的邻苯二甲酸氢钾0.4251g溶于水，并稀释至1000mL，混匀。以重铬酸钾为氧化剂，将邻苯二甲酸氢钾完全氧化的COD值为1.176（指1g邻苯二甲酸氢钾耗氧1.176g），故该标准溶液的理论COD值为500mg/L；

8. 1,10-邻菲啰啉指示液　溶解0.7g七水合硫酸亚铁（$FeSO_4 \cdot 7H_2O$）于50mL水中，加入1.5g 1,10-邻菲啰啉，搅拌至溶解，加水稀释至100mL；

9. 防爆沸玻璃珠。

四、测定过程

1. 采样

采取不少于100mL具有代表性的试样。

2. 试样的保存

水样要采集于玻璃瓶中，并尽快分析，如不能立即分析，则应加入硫酸至 pH<2，置于 4℃下保存。但保存时间不得超过 5 天。

3. 回流

清洗所要使用的仪器，安装好回流装置。将试样充分摇匀，准确移取 20.00mL 试样（或取试样适量加水稀释至 20.00mL），置于 250mL 带磨口锥形瓶内，准确加入 10.00mL 0.04000mol/L 重铬酸钾标准溶液及数粒玻璃珠。连接磨口回流冷凝管，从冷凝管上口慢慢加入 30mL H_2SO_4-Ag_2SO_4 溶液，轻轻摇动锥形瓶使溶液混匀，回流 2h。冷却后用 20～30mL 水自冷凝管上端冲洗冷凝管后取下锥形瓶，再用水稀释至 140mL 左右。

4. 试样测定

溶液冷却至室温后，加入 3 滴 1,10-邻菲啰啉指示液，用硫酸亚铁铵标准滴定液滴定至溶液由黄色经蓝绿色变为红褐色为终点。记下硫酸亚铁铵标准滴定溶液的消耗体积 V。

5. 空白试验

按相同步骤以 20.00mL 蒸馏水代替试样进行空白实验，记录下空白滴定时消耗硫酸亚铁铵标准滴定溶液的消耗体积 V_0。

6. 校核试验

按测定试样同样的方法分析 20.00mL 邻苯二甲酸氢钾标准溶液的化学耗氧量值，用以检验操作技术及试剂纯度。该溶液的理论化学耗氧量值为 500mg/L，如果校核试验的结果大于该值的 96%，即可认为测定过程基本上是适宜的，否则，必须寻找失败的原因，重复实验使之达到要求。

五、数据处理

化学耗氧量按下式计算：

$$COD(mg/L) = \frac{c(V_0-V)M_{O_2}}{4V_{样} \times 10^{-3}}$$

式中　c——硫酸亚铁铵标准滴定溶液的浓度，mol/L；

　　　V_0——空白实验消耗的硫酸亚铁铵标准滴定溶液的体积，mL；

　　　V——测定试样消耗的硫酸亚铁铵标准滴定溶液的体积，mL；

　　　$V_{样}$——试样的体积，mL；

　　　M_{O_2}——O_2 的摩尔质量，g/mol。

测定结果一般保留三位有效数字，对化学耗氧量值小的水样，当计算出化学耗氧量值小于 10mg/L 时，应表示为"化学耗氧量<10mg/L"。

六、关键技术

1. 该方法对未经稀释的试样其化学耗氧量测定上限为 700mg/L，超过此限时必须经稀释后测定。

2. 在特殊情况下，需要测定的试样在 10.0～50.0mL 之间，试剂的体积或质量可按表 1-4 做相应的调整。

3. 对于化学耗氧量小于 50mg/L 的试样，应采用低浓度的重铬酸钾标准溶液（用本实验中所用的重铬酸钾标准溶液稀释 10 倍）氧化，加热回流以后，采用低浓度的硫酸亚铁铵溶液（用本实验中所用的硫酸亚铁铵溶液稀释 10 倍）回滴。对于污染严重的试样，可选取所需体积 1/10 的试样和 1/10 的试剂，放入 10mm×150mm 硬质玻璃中，摇匀后，用酒精灯加热至沸数分钟，观察溶液是否变成蓝绿色。如呈蓝绿色，应再适当少加试料。重复以上实验，直至溶液不变蓝绿色为止，从而确定待测试样适当的稀释倍数。

表 1-4　试剂用量

水样体积 /mL	0.250mol/L 重铬酸钾溶液/mL	硫酸-硫酸银 溶液/mL	硫酸汞 /g	$[(NH_4)_2Fe(SO_4)_2 \cdot 6H_2O]$ /(mol/L)	滴定前体积 /mL
10.00	5.00	15	0.2	0.0500	70
20.00	10.00	30	0.4	0.1000	140
30.00	15.00	45	0.6	0.1500	210
40.00	20.00	60	0.8	0.2000	280
50.00	25.00	75	1.0	0.2500	350

4.氯离子干扰测定，加入硫酸汞可去除。加入 0.4g 硫酸汞配合氯离子 40mg，若取 20.00mL 试样，0.4g 硫酸汞可配合 2000mg/L 氯离子的试样。

子情境五　自来水中硫酸盐的测定——重量法

一、情境描述

地面水、地下水、含盐水、生活污水及工业废水含有硫酸盐。如果水中硫酸盐含量过高会有苦涩味及起到致泻的作用。采用硫酸钡重量法测定水中硫酸盐，可以准确地测定硫酸盐含量 10mg/L（以 SO_4^{2-} 计）以上的水样，测定上限为 5000mg/L（以 SO_4^{2-} 计）。

二、测定原理

在盐酸溶液中，可溶性硫酸盐与加入的氯化钡反应形成硫酸钡沉淀。沉淀反应在接近沸腾的温度下进行，并在陈化一段时间之后过滤，用水洗到无氯离子，烘干或灼烧沉淀，称硫酸钡的重量。

$$Ba^{2+} + SO_4^{2-} \longrightarrow BaSO_4 \downarrow$$

三、仪器及试剂
仪器

电热鼓风干燥箱

高温炉

电子分析天平

水浴锅

干燥器

瓷坩埚

试剂

1. 盐酸 1:1;

2. 氯化钡溶液(100g/L) 将100g二水合氯化钡($BaCl_2 \cdot 2H_2O$)溶于约800mL水中,加热有助于溶解,冷却溶液并稀释至1L。贮存在玻璃或聚乙烯瓶中。此溶液能长期保持稳定。此溶液1mL可沉淀约40mg SO_4^{2-}。注意:氯化钡有毒,谨防入口。

3. 氨水 1:1;

4. 甲基红指示剂(1g/L) 将0.1g甲基红钠盐溶解在水中,并稀释到100mL。

5. 硝酸银溶液(0.1mol/L) 将1.7g硝酸银溶解于80mL水中,加0.1mL浓硝酸,稀释至100mL,贮存于棕色玻璃瓶中,避光保存长期稳定。

6. 碳酸钠,无水。

四、测定过程

1. 取样

取水样50.00mL(例如含50mg SO_4^{2-})置于500mL烧杯中,加两滴甲基红指示剂用适量的盐酸或者氨水调至显橙黄色,再加2mL盐酸,加水使烧杯中溶液的总体积至200mL,加热煮沸至少5min。

2. 沉淀

将所得的溶液加热至沸,在不断搅拌下缓慢加入10mL±5mL热氯化钡溶液,直到不再出现沉淀,然后再多加2mL,在80~90℃下保持不少于2h,或在室温至少放置6h,最好过夜以陈化沉淀。

3. 过滤、灼烧或烘干

用致密的定量滤纸过滤,用热水转移并洗涤沉淀,用几份少量温水反复洗涤沉淀物,直至洗涤液不含氯化物为止。滤纸和沉淀一起,置于事先在800℃灼烧恒重后的瓷坩埚里烘干,小心灰化滤纸后(不要让滤纸烧出火焰),将坩埚移入高温炉中,在800℃灼烧1h,放在干燥器内冷却,称重,直至灼烧至恒重。

五、数据处理

硫酸盐的含量按下式计算:

$$SO_4^{2-}(mg/L) = \frac{m_{BaSO_4} M_{SO_4^{2-}} \times 10^3}{M_{BaSO_4} V_{水} \times 10^{-3}}$$

式中 m_{BaSO_4} ——硫酸钡的质量,g;

$M_{SO_4^{2-}}$ ——硫酸根的摩尔质量,g/mol;

M_{BaSO_4} ——硫酸钡的摩尔质量,g/mol;

$V_{水}$ ——水样的体积,mL。

六、关键技术

1. 样品中若有悬浮物、二氧化硅、硝酸盐和亚硝酸盐可使结果偏高。

2. 碱金属硫酸盐,特别是碱金属硫酸氢盐常使结果偏低。铁和铬等影响硫酸钡的完全沉淀,形成铁和铬的硫酸盐也使结果偏低。

3. 在酸性介质中进行沉淀可以防止碳酸钡和磷酸钡沉淀,但是酸度高会使硫酸钡沉淀的溶解度增大。

4. 当试样中 CrO_4^{2-}、PO_4^{3-} 大于10mg/L,NO_3^- 小于1000mg/L,SiO_2 小于2.5mg/L,Ca^{2+} 小于2000mg/L,Fe^{3+} 小于5.0mg时不干扰测定。试样预处理时,在酸性条件下煮沸可以将亚硫酸盐和硫化物分别以二氧化硫和硫化氢形式赶出。发生 $3H_2S + SO_4^{2-} + 2H^+ \Longrightarrow 4S\downarrow + 4H_2O$ 反应时,生成的单体硫应该过滤掉,以免影响测定结果。

检验报告单

项目名称：＿＿＿＿＿＿＿＿＿＿＿＿＿＿＿＿＿＿

任务名称：＿＿＿＿＿＿＿＿＿＿＿＿＿＿＿＿＿＿

根据中华人民共和国＿＿＿＿＿＿＿＿＿＿＿＿＿＿＿＿＿＿＿＿＿＿（国家技术标准）

检验参数	指　标	检验结果
水中溶解氧		
污水中氨氮		
污水中挥发酚		
污水化学耗氧量		
水中硫酸盐		

结论		报告人（签字）	
		报告人（签字）	
		审核人（签字）	
		班　长（签字）	

情境二

煤的工业分析

子情境一　煤中全硫的测定——艾士卡法

一、情境描述

煤是我国主要矿物燃料。仅电力行业年燃煤量超过 8 亿吨，排放的二氧化硫约 1000 万吨。煤中含硫为 0.3%～5%。煤中可燃硫燃烧后生成的二氧化硫及少量三氧化硫是造成大气污染及形成酸雨的主要因素。酸雨（pH<5.6）对农作物有严重的腐蚀与损害作用；二氧化硫污染危害居民健康、腐蚀建筑材料、破坏生态系统，已成为制约社会经济发展的重要因素之一。煤中全硫的测定有助于分析煤的质量，为其合理利用提供科学依据。

二、测定原理

将煤样与艾士卡试剂（简称艾氏剂）混合灼烧，煤中硫生成可溶性硫酸盐，可溶性硫酸盐与氯化钡反应生成硫酸钡沉淀，硫酸钡沉淀经过滤、洗涤、烘干、灼烧至恒重，由硫酸钡的质量计算煤中全硫的含量。

1. 煤中硫燃烧生成二氧化硫和三氧化硫。

$$煤(S) \xrightarrow[\text{燃烧}]{O_2} SO_2 \uparrow + SO_3 \uparrow$$

2. 生成的 SO_2 和 SO_3 被艾士卡试剂吸收，生成可溶性硫酸盐。

$$2Na_2CO_3 + 2SO_2 + O_2(空气) = 2Na_2SO_4 + 2CO_2 \uparrow$$

$$Na_2CO_3 + SO_3 = Na_2SO_4 + CO_2 \uparrow$$

$$2MgO + 2SO_2 + 2O_2(空气) = 2MgSO_4$$

3. 煤中的硫酸盐被艾氏试剂中的 Na_2CO_3 转化成可溶性 Na_2SO_4。

$$CaSO_4 + Na_2CO_3 = CaCO_3 + Na_2SO_4$$

4. 可溶性硫酸盐与沉淀剂 $BaCl_2$ 反应生成硫酸钡沉淀。

$$MgSO_4 + BaCl_2 = MgCl_2 + BaSO_4 \downarrow$$

$$Na_2SO_4 + BaCl_2 = 2NaCl + BaSO_4 \downarrow$$

三、仪器及试剂

仪器

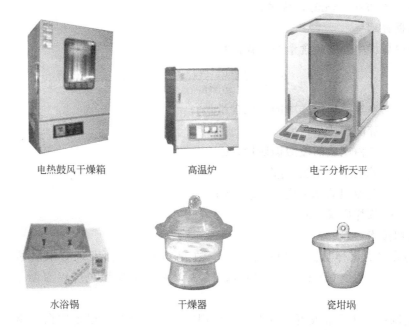

电热鼓风干燥箱　　　　高温炉　　　　　电子分析天平

水浴锅　　　　　　干燥器　　　　　瓷坩埚

试剂

1. 艾士卡试剂　2份质量的轻质氧化镁与1份质量的无水碳酸钠混匀细至粒度小于0.2mm后，保存在密闭容器中；

2. 盐酸　1∶1；

3. 氯化钡溶液　100g/L；

4. 甲基橙指示剂　20g/L；

5. 硝酸银溶液　10g/L，加入几滴硝酸，贮存于深色瓶中；

6. 瓷坩埚　30mL。

四、测定过程

1. 准确称取粒度小于0.2mm的空气干燥煤样1g（精确至0.0002g）和艾氏剂2g（称准至0.1g），于30mL坩埚内仔细混合均匀，再用1g（称准至0.1g）艾氏剂覆盖。

2. 将装有煤样的坩埚移入通风良好的高温炉中，在1～2h内从室温逐渐加热到800～850℃，并在该温度下保持1～2h。

3. 将坩埚从炉中取出，冷却到室温。用玻璃棒将坩埚中的灼烧物仔细搅松捣碎，然后转移到500mL烧杯中。用热水冲坩埚内壁，将洗液收入烧杯，再加入100～150mL刚煮沸的水，充分搅拌。

4. 用中速定性滤纸以倾泻法过滤，热水冲洗3次，然后将残渣移入滤纸中，用热水仔细清洗至少10次，洗液总体积约为250～300mL。

5. 向滤液中滴入2～3滴甲基橙指示剂，加盐酸至中性后，再加入2mL，使溶液呈微酸性。将溶液加热到沸腾，在不断搅拌下滴加氯化钡溶液10mL，在近沸状况下保持约2h，最后溶液体积为200mL左右。

6. 溶液冷却或静置过夜后，用致密无灰定量滤纸过滤，并用热水洗至无氯离子为止（用硝酸银溶液检验）。

7. 将带沉淀的滤纸移入已知质量的瓷坩埚中，先在低温下灰化滤纸，然后在温度为800~850℃的高温炉内灼烧 20~40min，取出坩埚，在空气中稍加冷却后，放入干燥器中，冷却至室温（约 25~30min），称量。

五、数据处理

空气干燥煤样中的全硫含量按下式计算：

$$S_{t,ad} = \frac{(m_1 - m_2)M_S}{mM_{BaSO_4}} \times 100\%$$

式中　$S_{t,ad}$——空气干燥煤样中的全硫含量，%；

m_1——硫酸钡质量，g；

m_2——空白试验的硫酸钡质量，g；

M_S——硫的摩尔质量，g/mol；

M_{BaSO_4}——硫酸钡的摩尔质量，g/mol；

m——煤样质量，g。

六、关键技术

1. 将灼烧好的煤样从高温炉中取出后，在捣碎过程中如发现有未烧尽的煤粒，应在800~850℃下继续灼烧 0.5h。如果用沸水溶解后，发现尚有黑色煤粒漂浮在液面上，则本次测定作废。

2. 每配制一批艾氏剂或更换其他任一试剂时，应进行 2 个以上空白试验（除不加煤样外，全部操作同样品操作），硫酸钡质量的极差不得大于 0.0010g，取算术平均值作为空白值。

必备知识

一、采样术语

1. 采样：从待测的原始物料中取得分析试样的过程。

2. 采样时间：指每次采样的持续时间，也称采样时段。

3. 采样频率：指两次采样之间的间隔。

4. 子样：在规定的采样点按规定的操作方法采取的规定量的物料，也称小样或分样。

5. 总样：将所有采取的子样合并一起得到的试样。

6. 分析化验单位：一个总样所代表的工业物料的总量称为分析化验单位或取样单位。分析化验单位可大可小，主要取决于分析的目的。如商品煤规定 (1000±100)t 为一个分析化验单位；生产车间常以一天或一班的产量为一个分析化验单位；供销双方常以一次运输量或报检量为一个分析化验单位。

7. 实验室样品：供实验室检验或测试而制备的样品。

8. 备考样品：与实验室样品同时同样制备的样品。在有争议时，作为有关方面仲裁分析所用样品。

9. 部位样品：从物料的特定部位或在物料流的特定部位和特定时间取得的一定数量或大小的样品，如上部样品、中部样品或下部样品等。部位样品是代表瞬时或局部环境的一种样品。

10. 表面样品：在物料表面取得的样品，以获得此物料表面的相关资料。

11. 物料流：是指随运送工具运转中的物料。

12. 试样的制备：按规定程序减小试样粒度和数量的过程，简称制样。

二、煤样的采取

1. 采样方案的制定

(1) 确定采取的样品数 从每一个分析化验单位中采样时，应根据物料中杂质含量的高低、物料的颗粒度及物料的总量决定所采取子样的最少数目和每个子样最小质量。

如果样品为散装物料，则当批量$<2.5t$时，采样为 7 个单元；当批量为 $2.5\sim80t$ 时，采样为 $\sqrt{批量(t)\times20}$ 个单元（计算到整数）；当批量$>80t$ 时，采样为 40 个单元。

对于一般产品，可用多单元物料来处理。可分两步进行采样。

① 选取一定数量的采样单元。若总体物料的单元数<500，按表 2-1 的规定确定。

表 2-1 选取采样单元数的确定

总体物料的单元	选取的最少单元	总体物料的单元	选取的最少单元
1～10	全部单元	182～216	18
11～49	11	217～254	19
50～64	12	255～296	20
65～81	13	297～343	21
82～101	14	344～394	22
102～125	15	395～450	23
126～151	16	451～512	24
152～181	17		

若总体物料的单元数>500，按下面公式确定。

$$n=3\sqrt[3]{N}$$

式中　n——选取的单元数；

N——总体物料的单元数。

② 对每个单元按物料特性值的变异性类型进行采样。

(2) 确定采取的样品量 采样量至少要满足三次重复测定所需量；若需要留存备考样品时，则必须考虑含备考样品所需量；若还需对所采样品做制样处理时，则必须考虑加工处理所需量。

(3) 确定采样方法 根据物料的种类、状态包装形式、数量和在生产中的使用情况，应使用不同的采样工具，按照不同的采样方法进行采样。

在采样和制样过程中，应当采取措施保持试样的代表性，防止因自然或人为的原因使试样的化学成分及其含量发生变化。正确地采样和制样是保证测定结果正确的前提条件，作为分析工作者应严格遵守技术标准的规定。

(4) 采样记录 采样时应记录被采物料的状况和采样操作，如物料的名称、来源、编号、数量、包装情况、存放环境、采样部位、所采样品数和样品量、采样日期、采样人等。必要时可填写详细的采样报告。

(5) 注意事项 在有些情况下采样时，采样者有受到人身伤害的危险，也可能造成危及他人安全的危险条件。为确保采样操作的安全进行，采样时应按以下规定执行。

① 采样地点要有出入安全的通道、照明和通风条件。

② 贮罐或槽车顶部采样时要防止掉下来，还要防止堆垛容器的倒塌。

③ 如果所采物料本身有危险，采样前必须了解各种危险物质的基本规定和处理办法，采样时，需有防止阀门失灵、物料溢出的应急措施和心理准备。

④ 采样时必须有陪伴者，且需对陪伴者进行事先培训。

在采样的过程中，采得的样品可能包含采样的偶然误差和系统误差。其中偶然误差是由一些无法控制的偶然因素所引起的，虽无法避免，但可以通过增加采样的重复次数来缩小这个误差。而系统误差是由于采样方案不完善、采样设备有缺陷、操作者不按规定进行操作以及环境等的影响产生的，其偏差是定向的，必须尽力避免。如在采样过程中不应带进杂质；尽量避免引起物料的变化（如吸水、氧化等）；在满足需要的前提下，样品数和样品量越少越好。任何不必要增加的样品数和样品量都会导致采样费用的增加和物料的损失，能给出所需信息的最少样品数和最少样品量称为最佳样品数和最佳样品量。

（6）采样工具　见表2-2。

表 2-2　采样工具

采样铲	采样探子	采样钻
适用于从物料流中和静止物料中采样。铲的长和宽均应不小于被采样品最大粒度的2.5～3倍，对最大粒度大于150mm的物料可用长×宽约为300mm×250mm的铲	适用于粉末、小颗粒、小晶体等固体化工产品采样。进行采样时，应按一定角度插入物料，插入时，应槽口向下，把探子转动两三次，小心地把探子抽回，并注意抽回时应保持槽口向上，再将探子内的物料倒入样品容器中	采样钻适用于较坚硬的固体采样。关闭式采样钻是由一个金属圆桶和一个装在内部的旋转钻头组成，采样时，牢牢地握住外管，旋转中心棒，使管子稳固地进入物料到达指定部位后，停止转动，提起钻头，反转中心棒，将所取样品移进容器中

（7）采样方法　见表2-3。

表 2-3　采样方法

物料流中采样	运输工具中采样	物料堆中采样
在物料流中采样，应先确定子样数目，再根据物料流量的大小及有效流过时间，均匀分布采样时间，调整采样器工作条件，一次横截物料流的断面采取一个子样。可用自动采样器、舌形铲等采样工具。注意从皮带运输机采样时，采样器必须紧贴皮带，不能悬空	常用的运输工具是火车车皮或汽车等，发货单位在物料装车后，应立即采样，而用货单位除采用发货单位提供的样品外，还要根据需要布点采样。常用的布点方法为斜线三点法、斜线五点法。子样要分布在车皮对角线上，首末两点距车角各1cm，其余各点均匀分布于首、末两子样点之间	根据物料堆的大小、物料的均匀程度和发货单位提供的基本信息等，核算应采集的子样数目及采集量，然后布点采样。先将表层0.1m厚的部分用铲子除去，再以地面为起点，每间隔0.5m高处划一横线，每隔1～2m向地面划垂线，横线与垂线交点即为采样点

2. 试样的制备

原始试样一般情况下必须经过制备处理，才能用于分析。液态和气态物料，因其易于混合，且采样量较少，只需充分混匀后即可进行分析；而固体物料一般都要经过样品的制备过程。样品制备的原则是使原始样品的各部分应有相同的概率进入最终样品。一般包括破碎、筛分、混匀、缩分四个阶段。

（1）破碎　破碎是在制样过程中，用机械或人工方法减小试样粒度的过程。在破碎过程中，要特别注意破碎工具的清洁和不能磨损，以防引入杂质；同时还要防止物料跳出和粉末飞扬，更不能随意丢弃难破碎的任何颗粒。

① 机械方法　用破碎机粗碎后，再用研磨机细碎。

② 人工方法　用手锤在钢板上粗碎后，再放入研钵（材质为瓷、玛瑙或钢）中细碎。

（2）筛分　粉碎后的物料要经过筛分，使其粒度满足分析要求。常用的筛子为标准筛，其材质一般为铜网或不锈钢网。见图 2-1。筛分方式有人工操作和机械振动两种。在筛分过程中，要注意可先将小颗粒物料筛出，而对于粒径大于筛号的物料不能弃去，应将其破碎至全部通过筛孔。

图 2-1　标准筛

（3）混匀　物料被破碎至所要求粒度后，还要充分混合均匀。其方法有人工法和机械法两种。

① 人工法　人工法普遍采用堆堆法。将物料用铁铲堆成一圆锥体，再从圆锥对角贴底交互将物料铲起，堆成另一圆锥，注意每一铲物料都要由锥顶自然洒落。如此反复三次即可。

如果试样量很少，也可将试样置于一张四方塑料布或橡胶布上，抓住四角，两对角线掀角，使试样翻动，反复数次，即可将试样混匀。

② 机械法　将物料倒入机械混匀器中，启动机器，搅拌一段时间即可。

（4）缩分　缩分是在不改变平均组成的情况下，逐步减少试样量的过程。常用的方法有机械法和人工法。

① 机械法　用分样器进行缩分。见图 2-2。用一特制铲子（其宽度与分样器的进料口相吻合）将物料缓缓倾入分样器中，物料会顺着分样器的两侧流出，被平均分为两份。一份继续进行破碎、混匀、缩分，直至所需试样量。另一份则保存备查或弃去。

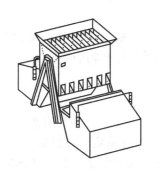

图 2-2　分样器

② 人工法　见图 2-3。

a. 四分法。四分法是最常用的人工缩分法，尤其是样品制备程序的最后一次缩分，基本都采用此法。将物料按堆堆法堆成圆锥体，用平板将其压成厚度均匀的圆台体，再通过圆心平分成四个扇形，取两对角继续进行破碎、混匀、缩分，直至剩余 100～500g。另一份则保存备查或弃去。

b. 棋盘法。棋盘法是将物料堆成一定厚度的均匀圆饼，用有若干个长宽各为 25～30mm 的铁皮格将物料圆饼分割成若干个小方块，再用平底小方铲每间隔一个小方块铲出一个小方块物料，将所有铲出的物料混匀后，继续进行破碎、混匀、缩分，直至剩余量达到要求。另一份则保存备查或弃去。

c. 正方形法。其具体操作与棋盘法基本相同。

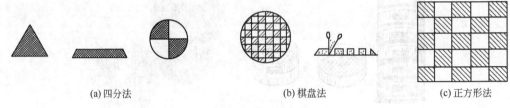

(a) 四分法　　　　　　　　　　(b) 棋盘法　　　　　　　　(c) 正方形法

图 2-3　人工法缩分

拓展知识

一、煤的组成

煤由有机质和无机质两部分构成。有机质主要是碳、氢、氧、氮、硫、磷等元素。无机质包括水分和矿物杂质，它们构成煤的不可燃部分（硫化物除外），其中矿物杂质经燃烧残留下来，称为灰分。灰分超过 45％时就不再称为煤，而称炭质页岩或油页岩。

二、煤的分析方法分类

煤质的分析可分为工业分析和元素分析两大类。

1. 工业分析

煤的工业分析，又叫煤的技术分析或实用分析，是评价煤质的基本依据。在国家标准中，煤的工业分析包括煤的水分、灰分、挥发分和固定碳等指标的测定。通常煤的水分、灰分、挥发分是直接测出的，而固定碳是用差减法计算出来的。广义上讲，煤的工业分析还包括煤的全硫分和发热量的测定，又叫煤的全工业分析。

2. 元素分析

煤的元素分析是指煤中碳、氢、氧、氮、硫、磷等元素含量的测定。煤的元素组成，是研究煤的变质程度，计算煤的发热量，估算煤的干馏产物的重要指标，也是工业中以煤作燃料时进行热量计算的基础。

三、煤中硫存在形式

1. 按其存在的形态分为有机硫和无机硫两种。有的煤中还有少量的单质硫。

2. 按其在空气中能否燃烧又分为可燃硫和不可燃硫。有机硫、硫铁矿硫和单质硫都能在空气中燃烧，都是可燃硫。硫酸盐硫不能在空气中燃烧，是不可燃硫。

3. 全硫

煤中各种形态的硫的总和称为煤的全硫。煤的全硫通常包含煤的硫酸盐硫、硫铁矿硫和有机硫。

4. 测定意义

硫是煤中有害物质之一。如煤作为燃料,在燃烧时生成 SO_2 和 SO_3,不仅腐蚀设备还污染空气,甚至降酸雨,严重危及植物生长和人的健康;煤用于合成氨制半水煤气时,由于煤气中硫化氢等气体较多不易脱净,使催化剂中毒而影响生产;煤用于炼焦,煤中硫会进入焦炭,使钢铁变脆(钢铁中硫含量大于 0.07% 时就成了废品);煤在贮运中,煤中硫化铁等含量多时,会因氧化、升温而自燃。

5. 测定方法

测定煤中的全硫有艾士卡法、库仑法和高温燃烧中和法三种。

四、不同基准分析结果的换算

1. 换算的意义

煤的工业分析结果大都是用含水样品测定的,但水分含量又因温度、大气湿度或其他条件而改变,其他组分含量必然相应地改变,因此分析结果就失去了实际价值,也就不能相互比较。若用干燥物质为基准表示组分含量,则不受水分改变的影响,所以,在煤的工业分析标准中规定用干燥物质(通常称为"为干燥基")表示组分含量。

2. 由含水样品的分析结果换算为干燥基含量,可以按下式计算:

$$X_{干}\% = X_{湿}\% \times \frac{100\%}{100\% - W\%}$$

式中　$X_{干}$——干燥基样品组分含量;

　　　$X_{湿}$——含水样品组分含量;

　　　W——含水样品水分的含量。

3. 不同基准及换算

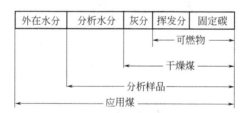

(1) 应用状态(应用基)　符号为 y,含全水分;

(2) 分析状态(分析基)　符号为 f,含分析水分;

(3) 干燥状态(干燥基)　符号为 g,完全不含水;

(4) 可燃状态(可燃基)　符号为 r,不含水分和灰分。

干燥基=分析基-分析水分=应用基-全水分

可燃基=干燥基-灰分

若以 X 代表某组分的含量则有下列关系:

$$X^y = X^f \times \frac{100 - W_Q^y}{100 - W^f}$$

$$X^g = X^f \times \frac{100}{100 - W^f}$$

$$X^{\mathrm{r}}=X^{\mathrm{f}}\times\frac{100}{100-(W^{\mathrm{f}}+A^{\mathrm{f}})}$$

式中　$W_{\mathrm{Q}}^{\mathrm{y}}$——应用基全水分；

　　　W^{f}——分析基水分；

　　　A^{f}——分析基灰分。

子情境二　煤发热量的测定——氧弹式热量计法

一、情境描述

煤的发热量是衡量煤品质的重要指标。采用氧弹法测定发热量，掌握氧弹式热量计的操作技术要点；掌握煤的发热量测定的方法、原理。

二、测定原理

一定质量的分析试样置于氧弹式热量计中，在充有过量氧气的氧弹内燃烧。氧弹热量计的热容量通过在相似条件下燃烧一定质量的基准量热物苯甲酸来确定，根据试样点燃前后量热系统产生的温升，并对点火热等附加热进行校正即可求得试样的弹筒发热量。

煤的发热量：又称为煤的热值，即单位质量的煤完全燃烧所发出的热量。

发热量表示方法：以 kJ/g 或 MJ/kg 表示。

三、仪器及试剂

仪器

微机全自动量热仪　　　氧气钢瓶　　　压片机　　　电子分析天平

试剂

1. 氧气　不含可燃成分，因此不许使用电解氧；

2. 苯甲酸　经计量机关检定并标明热值的苯甲酸。

四、测定过程

（一）准备工作

1. 压片

用托盘天平称取 1g（0.9～1.0g）优级纯苯甲酸置于压片模具内，在压片机上压片，取出。再准确称量其质量。

2. 装弹

将弹体打开，取出阀座置于支架上，安装电阻丝（**注意：电阻丝两端尽可能短并使其弯曲，不能与弹体接触，否则会产生短路**），在电阻丝上系一棉线（长约8cm），将棉线置于坩埚内，将苯甲酸压片置于坩埚内（压片压在棉线上）。将 10mL 水注入弹杯中，以防止生成的酸性气体腐蚀弹体。将阀座置于弹体上压严，再将弹帽置于弹杯上旋紧（螺旋旋转过程中弹杯勿倾斜或晃动）。

3. 充氧

打开氧气钢瓶顶端螺旋，使压力表指针 $p_主 \geqslant 4MPa$（若始终 $p_主 \leqslant 3MPa$，钢瓶需重新装气），调节减压阀，使分压力表指针指示 $p_分 = 3MPa$。将氧弹置于充压机下，对准充气孔，按下充气手柄充气（此时分压力表指针先下降然后再上升到 3MPa 后停留 20s 取下）。

4. 氧弹气密性试验

打开机箱盖，将氧弹装入槽中，进入系统，输入编号和试样质量，开盖点击"测试窗口"的"注水试验"注水，将水淹没氧弹后（若未淹没，则改变"工具窗口"中的注水时间），观察氧弹是否漏气。

（二）标定苯甲酸热值

1. 热容量

测定内筒每升高 1K 需要的热量。

进入系统：双击"ZDHW-6000"图标进入系统（此时仪器已打开），选择"热容量"，输入"标准物热值"（苯甲酸热值为 26470J/g 或是 26497J/g），输入"试样编号"、"试样质量"。将盛有一定质量苯甲酸的氧弹置于量热仪内筒（注意氧弹置于三个支点上），盖好仪器盖，点击"开始"仪器开始工作，15～20min 后完成工作，在 1 号显示数值。平行标定 5 次，仪器自动显示平均值（若平行测定 2～3 次需点击"保存平均值"才能显示平均值）。**注意：极差≤38J/K，否则重做。**

测量完毕后取出氧弹，用放气阀放气，旋转弹帽打开弹体，取下阀座放置支架上，检查氧弹内是否有未燃烧残留物，若有残留物需重做。清洗氧弹，擦干弹体内部。

注意：一个季度标定一次苯甲酸热值，室温与内、外筒水温不超过 1K。

2. 发热量

测定苯甲酸或样品的发热量。

点击"发热量"，输入热容量（即"热容量"的平均值，约为 10100.7J/K），测煤试样应输入硫、氢、全水、分析水的百分含量。输入"试样编号"、"试样质量"，点击"开始"。仪器工作结束后，在右侧"当前试验数据列表"中显示测定结果。**注意：煤试样不需压片，在坩埚中准确称量其质量后将棉线埋入即可。**

3. "工具"窗口设置

（1）"发热量的表示"选择 cal/g。

（2）注水时间（s）：放入氧弹后注入内筒水并淹没弹体顶端后所需的时间（一般设置为 27～35s）。

五、数据处理

根据设定的参数直接读取或打印。

六、关键技术

1. 新氧弹和新换部件（杯体、弹盖、连接环）的氧弹应经 15.0MPa（150atm）的水压试验，证明无问题后方能使用。此外，应经常注意观察与氧弹强度有关的结构，如杯体和连接环的螺纹、氧气阀和电极同弹盖的连接处等，如发现显著磨损或松动，应进行修理，并经水压试验后再用。另外，还应定期对氧弹进行水压试验，每次水压试验后，氧弹的使用时间不得超过一年。

2. 称取试样时，对于燃烧时易于飞溅的试样，可先用已知质量的擦镜纸包紧，或先在压饼机中压饼并切成 2~4mm 的小块使用。对于不易燃烧完全的试样，可先在燃烧皿底铺上一个石棉垫，或用石棉绒做衬垫（先在皿底铺上一层石棉绒，然后以手压实）。石英燃烧皿不需任何衬垫。如加衬垫仍燃烧不完全，可提高充氧压力至 3.0~3.2MPa，或用已知质量和发热量的擦镜纸包裹称好的试样并用手压紧，然后放入燃烧皿中。

3. 连接点火丝时，注意与试样保持良好接触或保持微小的距离（对易飞溅和易燃的煤），并注意勿使点火丝接触燃烧皿，以免形成短路而导致点火失败，甚至烧毁燃烧皿。同时还应注意防止两电极间以及燃烧皿与另一电极之间的短路。

4. 把氧弹放入装好水的内筒中时，如有气泡出现，则表明漏气，应找出原因，加以纠正，重新充氧。

子情境三　煤中灰分的测定——缓慢灰化法

一、情境描述

煤中灰分反映煤中无机物质含量的多少，也是衡量煤质的一个重要指标。采用缓慢灰化法进行测定。掌握缓慢灰化法的基本原理及操作技术。掌握恒重操作。

二、测定原理

称取一定质量的空气干燥煤样，放入高温炉中，以一定的速率加热到（815±10）℃，灰化并灼烧到质量恒定。根据残留物的质量和煤样的质量计算灰分产率。

煤的灰分（A）是指煤样在规定条件下完全燃烧后所得的残留物。

三、仪器及试剂

仪器

高温炉　　　　　　干燥器　　　　　电子分析天平　　　　瓷灰皿

四、测定过程

1. 用预先灼烧至质量恒定的灰皿，称取粒度为 0.2mm 以下的空气干燥煤样（1±0.1）g，精确至 0.0002g，均匀地摊平在灰皿中，使其质量浓度不超过 0.15g/cm²。

2. 将灰皿送入温度不超过 100℃ 的高温炉中，关上炉门并使炉门留有 15mm 左右的缝隙。在不少于 30min 的时间内将炉温缓慢上升至 500℃，并在此温度下保持 30min。继续升到（815±10）℃，在此温度下灼烧 1h。

3. 从炉中取出灰皿，放在耐热瓷板或石棉板上，在空气中冷却 5min 左右，移入干燥器中冷却至室温后（约 20min），称量。进行检查性灼烧，每次 20min，用最后一次灼烧后的质量为计算依据。

五、数据处理

空气干燥煤样的灰分按下式计算：

$$w_{ad} = \frac{m_1}{m} \times 100\%$$

式中　w_{ad}——空气干燥煤样的灰分，%；

　　　m_1——残留物的质量，g；

　　　m——煤样的质量，g。

六、关键技术

1. 灰皿应预先灼烧至质量恒定。空气干燥煤样的粒度应为0.2mm以下。

2. 灰分低于15%时，不必进行检查性灼烧。

检验报告单

项目名称：＿＿＿＿＿＿＿＿＿＿＿＿＿＿＿＿＿＿＿＿＿

任务名称：＿＿＿＿＿＿＿＿＿＿＿＿＿＿＿＿＿＿＿＿＿

根据中华人民共和国＿＿＿＿＿＿＿＿＿＿＿＿＿＿＿＿＿＿＿＿＿＿＿＿（国家技术标准）

检验参数	指　标	检验结果
煤中全硫的测定——艾士卡法		
煤发热量的测定——氧弹式热量计法		
煤中灰分的测定——缓慢灰化法		

结论		报告人(签字)	
		报告人(签字)	
		审核人(签字)	
		班长(签字)	

硅酸盐水泥分析

子情境一 硅酸盐水泥中二氧化硅含量的测定
——氟硅酸钾法

一、情境描述

采用氟硅酸钾法测定水泥中的二氧化硅，掌握氟硅酸钾法的基本原理和操作步骤；掌握熔融法的操作原理、操作技术和要点。

二、测定原理

试样经氢氧化钾熔剂熔融后，加入硝酸使硅生成游离硅酸。在过量的氟、钾离子存在的强酸性溶液中，使硅酸形成氟硅酸钾（K_2SiF_6）沉淀，经过滤、洗涤及中和残余酸后，加沸水使氟硅酸钾沉淀水解生成等物质的量的氢氟酸，以酚酞为指示剂，用氢氧化钠标准滴定溶液进行滴定，终点颜色为粉红色。

$$SiO_2 + 2KOH == K_2SiO_3 + H_2O$$
$$SiO_3^{2-} + 6F^- + 6H^+ == SiF_6^{2-} + 3H_2O$$
$$SiF_6^{2-} + 2K^+ == K_2SiF_6 \downarrow$$
$$K_2SiF_6 + 3H_2O == 2KF + H_2SiO_3 + 4HF$$
$$HF + NaOH == NaF + H_2O$$

三、仪器及试剂
仪器

电子分析天平

高温炉

滴定分析装置

银坩埚

试剂

1. 乙醇；

2. 盐酸；

3. 盐酸 1∶5；

4. 硝酸；

5. 氢氧化钾;

6. 氟化钾溶液（150g/L） 称取 15g 氟化钾（KF·2H_2O）于塑料杯中，加水溶解后，用水稀至 100mL，贮于塑料瓶中;

7. 氯化钾;

8. 氯化钾溶液（50g/L） 将 5g 氯化钾溶于水中，用水稀释至 1L;

9. 氯化钾-乙醇溶液（50g/L） 将 5g 氯化钾（KCl）溶于 50mL 水中，加入 50mL 95%（体积分数）乙醇，混匀;

10. 酚酞指示剂溶液（10g/L） 将 1g 酚酞溶于 100mL 95%（体积分数）乙醇中;

11. 氢氧化钠标准滴定溶液 0.20mol/L。

四、测定过程

1. 试样的处理

准确称取约 0.5g 试样（精确至 0.0001g），置于银坩埚中，加入 6～7g 氢氧化钾，在 650～700℃的高温下熔融 20min，取出冷却，将坩埚放入已盛有 100mL 近沸腾水的烧杯中，盖上表面皿，于电热板上适当加热，待熔块完全浸出后，取出坩埚，用水冲洗坩埚和盖，在搅拌下一次加入 25～30mL 盐酸，再加入 1mL 硝酸。用 1+5 的热盐酸洗净坩埚和盖，将溶液加热至沸腾，冷却，移入 250mL 容量瓶中，用水稀释至标线，摇匀。此溶液可用于测定二氧化硅、三氧化二铁、氧化铝、氧化钙、氧化镁、二氧化钛。

2. 二氧化硅的测定

准确移取 50.00mL 试样溶液，放入 250～300mL 塑料杯中，加入 10～15mL 硝酸，搅拌，冷却至 30℃以下，加入氯化钾，仔细搅拌至饱和并有少量氯化钾析出，再加入 2g 氯化钾及 10mL150g/L 氟化钾溶液，仔细搅拌（如氯化钾析出量不够，应再补充加入），放置 15～20min。用中速滤纸过滤，用 50g/L 氯化钾溶液洗涤塑料杯及沉淀 3 次。将滤纸连同沉淀取下置于原塑料杯中，沿杯壁加入 10mL 30℃以下 50g/L 的氯化钾-乙醇溶液及 1mL 酚酞指示剂溶液，用 0.20mol/L 氢氧化钠标准滴定溶液，中和未洗尽的酸，仔细搅动滤纸并随之擦洗杯壁直至溶液呈红色。向杯中加入 200mL 沸水（煮沸并用氢氧化钠溶液中和至酚酞呈微红色），用 0.20mol/L 氢氧化钠标准滴定溶液滴定至微红色。

五、数据处理

SiO_2 的质量分数按下式计算:

$$SiO_2 \div 4HF \div 4NaOH$$

$$w(SiO_2) = \frac{c(V-V_0) \times 10^{-3} M_{SiO_2}}{4m} \times 100\%$$

式中　$w(SiO_2)$——SiO_2 的质量分数，%;

　　　c——NaOH 标准滴定溶液的浓度，mol/L;

　　　V——试样消耗的 NaOH 标准滴定溶液的体积，mL;

　　　V_0——空白消耗的 NaOH 标准滴定溶液的体积，mL;

　　　m——试样质量，g;

　　　M_{SiO_2}——SiO_2 摩尔质量，g/mol。

六、关键技术

1. 分解试样时，在系统分析中多采用氢氧化钠作熔剂，在银坩埚中熔融;而单独称样测定二氧化硅时，可采用氢氧化钾作熔剂，在镍坩埚中熔融;或以碳酸钾作熔剂，在铂坩埚中熔融。

2. 溶液的酸度在 50mL 试验液中加入 10～15mL 浓硝酸（即浓度为 3mol/L 左右）为宜。酸度过低易形成其他金属氟化物沉淀而干扰测定；酸度过高将使 K_2SiF_6 沉淀反应不完全，同时会给后面的沉淀洗涤、残余酸的中和等操作带来不必要的麻烦。

3. 过量的钾离子有利于 K_2SiF_6 沉淀完全，这是本法的关键之一。在加入氯化钾操作中应注意：氯化钾颗粒如较粗，应用瓷研钵（不用玻璃研钵，以防引入空白）研细，以便于溶解；加入固体氯化钾时，要不断搅拌，压碎氯化钾颗粒，溶解后再加，直到不再溶解为止，再过量 1～2g；加入浓硝酸后，溶液温度升高，应先冷却至 30℃ 以下，再加入氯化钾至饱和（因氯化钾的溶解度随温度的改变较大）。

4. 量取氟化钾溶液时应用塑料量杯，否则会因腐蚀玻璃而带入空白。氟化钾的加入量要适宜，若加入量过多，则 Al^{3+} 易与过量的氟离子生成 K_3AlF_6 沉淀，该沉淀水解生成氢氟酸将使测定结果偏高。一般在含有 0.1g 试样的溶液中，加入 150g/L 的 $KF \cdot 2H_2O$ 溶液 10mL 即可。

5. 氟硅酸钾晶体中夹杂的硝酸严重干扰测定。若采用洗涤法彻底除去硝酸，会使氟硅酸钾严重水解，因而只能洗涤 3 次，残余的酸则采用中和法消除。

必备知识

硅酸盐试样的分解

硅酸盐中除少数简单的碱金属硅酸盐较易溶于水或酸外，大部分都是难溶的。因此，硅酸盐全分析中一般都是熔融分解，也可以用氢氟酸溶解。

一、熔融分解法

1. 碳酸钠熔融分解法

碳酸钠是大多数硅酸盐及其他矿物分析最常用的熔剂之一。碳酸钠是一种碱性熔剂，无水碳酸钠的熔点为 852℃，适用于熔融酸性矿物。硅酸盐样品与无水碳酸钠在高温下熔融，发生复分解反应，难溶于水和酸的石英及硅酸盐岩石转变为易溶的碱金属硅酸盐混合物，如：

$$SiO_2 + Na_2CO_3 = Na_2SiO_3 + CO_2 \uparrow$$

$$KAlSi_3O_8 + 3Na_2CO_3 = 3Na_2SiO_3 + KAlO_2 + 3CO_2 \uparrow$$

$$Mg_3Si_4O_{10}(OH)_2 + 4Na_2CO_3 = 4Na_2SiO_3 + 3MgO + 4CO_2 \uparrow + H_2O$$

熔融物用盐酸处理后，得到金属氯化物。

碳酸钠熔剂的用量多少与试样性质有关。对于酸性岩石，熔剂用量约为试样量的 5～6 倍；对于基性岩石，熔剂用量则需 10 倍以上。

熔融前，试样应通过 200 号筛，仔细将试样与熔剂混匀后，再在其表面覆盖一层熔剂。熔融时，宜在 300～400℃ 温度下，将处理好的试样与熔剂放入高温炉中，逐步升温至混合物熔融，并在 950～1000℃ 下熔融 30～40min。熔融器皿为铂坩埚。

无水碳酸钠熔剂的缺点是对某些铬铁矿、锆英石等的硅酸盐岩石分解不完全；熔点高，要用铂坩埚在高温下长时间熔融，操作费时。有时采用碳酸钠与其他试剂组成的混合熔剂。

（1）碳酸钾钠混合熔剂　无水碳酸钾和无水碳酸钠组成的组成比为（1：1）～（5：4）。

其优点是熔点较低（熔点约为 700℃），可在较低温度下进行熔融。缺点是碳酸钾易吸湿，使用前必须先驱水；同时钾盐被沉淀吸附的倾向也比钠盐大，从沉淀中将其洗出也较困难。因此此种混合熔剂未被广泛应用。

（2）碳酸钠加适量硼酸或 Na_2O_2、KNO_3、$KClO_3$ 等组成的混合熔剂　这类混合熔剂因酸性溶剂或氧化剂的加入增强了其分解能力，使复杂硅酸盐岩石试样分解完全。

2. 苛性碱熔融分解法

氢氧化钠、氢氧化钾都是分解硅酸盐的有效熔剂，两种熔剂的熔点均较低（KOH 为 404℃，NaOH 为 328℃），所以能在较低温度下（600～650℃）分解试样，以减轻对坩埚的侵蚀。熔融分解后转变为可溶性的碱金属硅酸盐。如：

$$CaAl_6Si_6O_{16} + 14NaOH = 6Na_2SiO_3 + 2NaAlO_2 + CaO + 7H_2O$$

苛性碱熔剂对含硅量高的试样比较适宜（如高岭土、石英石等），既可以单独使用，也可以混合使用，混合苛性碱熔融分解试样，所得熔块易于提取。故可将其与试样混合后，再覆盖一层熔剂，放入 350～400℃ 高温炉中，保温 10min，再升至 600～650℃，保温 5～8min 即可。因苛性碱会严重侵蚀铂器皿，所以一般在铁、镍、银、金坩埚中进行熔融。

3. 过氧化钠熔融分解法

过氧化钠是一种有强氧化性的碱性熔剂，分解能力强，用其他方法分解不完全的试样，用过氧化钠可以迅速而完全地分解。

用过氧化钠熔融分解试样的过程中，能将一些元素低价化合物氧化为高价化合物，如：

$$2Mg_3Cr_2(SiO_4)_3 + 12Na_2O_2 = 6MgSiO_3 + 4Na_2CrO_4 + 8Na_2O + 3O_2 \uparrow$$

用过氧化钠分解试样，一般在铁、镍、银或刚玉坩埚中进行。由于过氧化钠的强氧化性，熔融时坩埚会受到强烈侵蚀，组成坩埚的物质会大量进入到熔融物中，影响后面的分析，所以只用于某些特别难分解的试样，一般尽量不用。

4. 锂硼酸盐熔融分解法

锂硼酸盐熔剂具有分解能力强的优点，而且制得的熔融物可固化后直接进行 X-射线荧光分析，或把熔块研成粉末后直接进行发射光谱分析，也可将熔融物溶解制备成溶液，进行包括钠和钾在内的多元素的化学系统分析。

常用的锂盐熔剂有：偏硼酸锂、四硼酸锂、碳酸锂与氢氧化锂（2：1）、碳酸锂与氢氧化锂和硼酸（2：1：1）、碳酸锂与硼酸（7～10）：1、碳酸锂与硼酸酐（7～10）：1 等。

用锂盐熔融试样时，试样粒度一般要求过 200 号筛。熔剂与试样比约为 10：1。熔融温度为 800～1000℃，熔融时间为 10～30min。熔融器皿为铂、金、石墨坩埚等。

用锂硼酸盐分解试样时，会出现熔块较难脱离坩埚、熔块难溶解或硅酸在酸性溶液中聚合等现象而影响二氧化硅的测定，因此，可采取以下措施：

① 将碳酸锂与硼酸酐或硼酸的混合比严格控制在（7～10）：1，熔剂用量为试样的 5～10 倍，于 850℃ 熔融 10min，则所得熔块易于被盐酸浸取。

② 将石墨坩埚的空坩埚先在 900℃ 灼烧 30min，小心保护形成的粉状表面。然后将混匀的试样和熔剂用滤纸包好，在有石墨粉垫里的瓷坩埚中熔融，熔块也易取出。

二、氢氟酸分解法

氢氟酸是分解硅酸盐试样唯一最有效的溶剂。F^- 可与硅酸盐中的主要组分硅、铝、铁等形成稳定的易溶于水的配离子。

用氢氟酸或氢氟酸加硝酸分解试样，用于测定 SiO_2；用氢氟酸加硫酸（或高氯酸）分解试样，用于测定钠、钾或除 SiO_2 外的其他项目；用氢氟酸于 $120\sim130℃$ 温度下增压溶解，所得制备溶液可进行系统分析测定。

1. 碱熔快速分析系统

以 Na_2CO_3、Na_2O_2 或 $NaOH(KOH)$ 等碱性熔剂与试样混合，在高温下熔融分解，熔融物以热水提取后，用盐酸（或硝酸）酸化，不用经过复杂的分离，即可直接分液，分别进行硅、铝、锰、铁、钙、镁、磷的测定。钾和钠则要另外取样测定。

2. 酸溶快速分析系统

试样在铂坩埚或聚四氟乙烯烧杯中用 HF 或 HF-$HClO_4$、HF-H_2SO_4 分解，驱除 HF，制成盐酸、硝酸或盐酸-硼酸溶液。溶液整分后，分别测定铁、铝、钙、镁、钛、磷、锰、钾、钠，方法与碱熔快速分析相类似。硅可用无火焰原子吸收光谱法、硅钼蓝分光光度法、氟硅酸钾滴定法测定；铝可用 EDTA 滴定法、无火焰原子吸收光谱法、分光光度法测定；铁、钙、镁常用 EDTA 滴定法和原子吸收光谱法测定；锰多用分光光度法、原子吸收光谱法测定；钛和磷多用分光光度法，钠和钾多用火焰分光光度法、原子吸收光谱法测定。

3. 锂盐熔融分解快速分析系统

在热解石墨坩埚或用石墨粉作内衬的瓷坩埚中用偏硼酸锂、碳酸锂-硼酸酐（8∶1）或四硼酸锂于 $850\sim900℃$ 熔融分解试样，熔块经盐酸提取后，以十六烷基三甲基溴代铵（CT-MAB）凝聚重量法测定硅。整分滤液，以 EDTA 滴定法测定铝；二安替比林甲烷分光光度法和磷钼蓝分光光度法分别测定钛和磷；原子吸收光谱法测定钛、锰、钙、镁、钾、钠。也有用盐酸溶解熔块后制成盐酸溶液，整分溶液，以分光光度法测定硅、钛、磷，原子吸收光谱法测定铁、锰、钙、镁、钠。也有用硝酸-酒石酸提取熔块后，用笑气-乙炔火焰原子吸收光谱法测定硅、铝、钛，用空气-乙炔火焰原子吸收光谱法测定铁、钙、镁、钾、钠。

拓展知识

一、硅酸盐分布

硅酸盐分布极广，种类繁多，约占矿物总类的 $1/4$，构成地壳总质量的 80%。硅酸盐是硅酸中的氢被铁、铝、钙、镁、钾、钠及其他金属离子取代而生成的盐。因为 x、y 的比例不同，将形成元素种类不同、含量也有很大差异的多种硅酸。SiO_2 是硅酸的酸酐，可构成多种硅酸，组成随形成条件而变，以 $SiO_2 \cdot yH_2O$ 表示。已知的有：偏硅酸 H_2SiO_3 $(SiO_2 \cdot H_2O)$ 它最简单，常以 H_2SiO_3 代表硅酸；二硅酸 $H_6Si_2O_7(2SiO_2 \cdot 3H_2O)$；三硅酸 $H_4Si_3O_8(3SiO_2 \cdot 2H_2O)$；二偏硅酸 $H_2Si_2O_5(2SiO_2 \cdot H_2O)$ 和正硅酸 $H_4SiO_4(SiO_2 \cdot 2H_2O)$。

二、硅酸盐组成

硅酸盐的组成非常复杂，为方便，常看作硅酐和金属氧化物相结合的化合物，化学式可写作：

钾长石　$K_2O \cdot Al_2O_3 \cdot 6SiO_2$（或 $K_2Al_2Si_6O_{16}$）

高岭土　$Al_2O_3 \cdot 2SiO_2 \cdot 2H_2O$（或 $Al_2H_4Si_2O_9$）

白云母　$K_2O \cdot Al_2O_3 \cdot 6SiO_2 \cdot 2H_2O$[或 $K_2H_4Al_2(SiO_3)_6$]

石棉　　$CaO \cdot 3MgO \cdot 4SiO_2$[或 $CaMg_3(SiO_3)_4$]

沸石　　$Na_2O \cdot Al_2O_3 \cdot 2SiO_2 \cdot nH_2O$[或 $Na_2Al_2(SiO_4)_2 \cdot nH_2O$]

滑石　$3MgO \cdot 4SiO_2 \cdot H_2O$[或 $Mg_3H_2(SiO_3)_4$]

三、分析项目

水分、烧失量、不溶物、SiO_2、Al_2O_3、Fe_2O_3、TiO_2、MgO、CaO、Na_2O、K_2O 等含量的测定；有时还要测定 MnO_2、F、Cl、SO_3、硫化物、P_2O_5 等含量。

子情境二　硅酸盐水泥中氧化铁含量的测定

一、情境描述

采用滴定法测定水泥中的氧化铁。掌握测定氧化铁含量的基本原理；硅酸盐试样的熔融分解方法。

二、测定原理

在 $pH=1.8 \sim 2.0$ 的酸性介质中，$60 \sim 70℃$ 的条件下，以磺基水杨酸钠为指示剂，用 EDTA 标准滴定溶液直接滴定溶液中的铁（Ⅲ），溶液颜色由紫红色变为亮黄色为终点，根据 EDTA 标准滴定溶液的浓度和化学计量点时其所消耗的体积计算试样中全铁含量。反应如下。

化学计量点前：$Fe^{3+} + SaL^{2-} \rightleftharpoons FeSaL^+$（紫红色）

$Fe^{3+} + H_2Y^{2-} \rightleftharpoons FeY^-$（黄色）$+ 2H^+$

化学计量点时：

$FeSaL^+$（紫红色）$+ H_2Y^{2-} \rightleftharpoons FeY^-$（黄色）$+ SaL^{2-}$（无色）$+ 2H^+$

三、仪器及试剂

仪器

　　　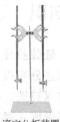

高温炉　　　电子分析天平　　　银坩埚　　　滴定分析装置

试剂

1. 氢氧化钾；

2. 盐酸；

3. 盐酸　$1:1$，$1:5$；

4. 硝酸；

5. 氨水　$1:1$；

6. 磺基水杨酸钠指示剂（100g/L）　将 10g 磺基水杨酸钠溶于水中，加水稀释至 100mL；

7. EDTA 标准滴定溶液　0.02mol/L；

EDTA 标准滴定溶液的配制：称取 7.5g EDTA 置于烧杯中，加约 200mL 水，加热溶解，过滤，用水稀释至 1L。

EDTA标准滴定溶液的标定：称取 0.65g 于（800±50）℃的高温炉中灼烧至恒重的基准试剂氧化锌，用少量水湿润，加 3mL20％的盐酸溶解，移入 250mL 容量瓶中，稀释至刻线，摇匀。准确移取 25.00mL 置于 250mL 锥形瓶中，加 70mL 水，用 10％氨水调节溶液 pH＝7～8，加 10mL 氨-氯化铵缓冲溶液，5 滴铬黑 T 指示剂，用 EDTA 溶液滴定至溶液由紫色变为纯蓝色。同时作空白试验。

8. 氨-氯化铵缓冲溶液（pH＝10）　称取 27g NH_4Cl 溶于水中，加浓氨水 175mL，用水稀释至 500mL。

9. 铬黑 T 指示剂（5g/L）　称取 0.50g 铬黑 T 和 2.0g 盐酸羟胺，溶于乙醇，用乙醇稀释至 100mL。

四、测定过程

1. 试样的处理

准确称取约 0.5g 试样，精确至 0.0001g，置于银坩埚中，加入 6～7g 氢氧化钾，在 650～700℃的高温下熔融 20min，取出冷却，将坩埚放入已盛有 100mL 近沸腾水的烧杯中，盖上表面皿，于电热板上适当加热，待熔块完全浸出后，取出坩埚，用水冲洗坩埚和盖，在搅拌下一次加入 25～30mL 盐酸，再加入 1mL 硝酸。用 1：5 的热盐酸洗净坩埚和盖，将溶液加热至沸腾，冷却，移入 250mL 容量瓶中，用水稀释至标线，摇匀。此溶液可用于测定二氧化硅、三氧化二铁、氧化铝、氧化钙、氧化镁、二氧化钛。

2. 测定

准确移取样液 25.00mL 置于 250mL 锥形瓶中，加水稀释至约 100mL，用 1：1 盐酸或 1：1 氨水调节溶液 pH＝1.8～2.0（用精密 pH 试纸检验），将溶液加热至 70℃，加 10 滴磺基水杨酸钠指示剂，用 0.02mol/L EDTA 标准滴定溶液缓慢地滴定至溶液颜色由紫红色变为亮黄色为终点（终点时溶液温度不应低于 60℃），平行测定三次。记录消耗 EDTA 标准滴定溶液的体积。

五、数据处理

Fe_2O_3 的质量分数按下式计算：

$$w(Fe_2O_3) = \frac{M_{Fe_2O_3}\, c_{EDTA} V_{EDTA} \times 10^{-3} \times 10}{2m} \times 100\%$$

式中　$w(Fe_2O_3)$——Fe_2O_3 的质量分数，％；

$\qquad c_{EDTA}$——EDTA 标准滴定溶液的浓度，mol/L；

$\qquad V_{EDTA}$——EDTA 标准滴定溶液的体积，mL；

$\qquad M_{Fe_2O_3}$——三氧化二铁的摩尔质量，g/mol；

$\qquad m$——试样的质量，g。

六、关键技术

1. 由于在该酸度下，Fe^{2+} 不能与 EDTA 定量配位，所以在测定总铁含量时，应先将溶液中的 Fe^{2+} 氧化成 Fe^{3+}。

2. 将溶液的 pH＝1.8～2.0 是关键。如果 pH＜1，EDTA 不能与 Fe^{3+} 定量配位，同时，磺基水杨酸钠与 Fe^{3+} 生成的配合物也很不稳定，致使滴定终点提前，滴定结果偏低；如果 pH＞2.5，则 Fe^{3+} 易水解，使 Fe^{3+} 与 EDTA 的配位能力减弱甚至完全消失。

3. 控制溶液的温度在 60～70℃。在 pH＝1.8～2.0 时，Fe^{3+} 与 EDTA 的配位反应速率较慢，所以需将溶液加热，但温度也不能过高，否则溶液中共存的 Al^{3+} 会与 EDTA 配位，而使测定结果偏高。一般在滴定时，溶液的起始温度以70℃为宜，在滴定结束时，溶液的温度不宜低于60℃。注意在滴定过程中测量溶液的温度，如低于60℃，可暂停滴定，将溶液加热后再继续滴定。

子情境三　硅酸盐水泥中氧化铝含量的测定

一、情境描述

采用置换法测定水泥中的氧化铝。掌握测定氧化铝的原理和操作步骤；掌握置换滴定的操作方法。

二、测定原理

在滴定铁后的溶液中，加入对铝、钛过量的EDTA标准滴定溶液，在pH＝3.8～4.0的溶液中，以PAN[1-(2-吡啶偶氮)-2-萘酚]为指示剂，用硫酸铜标准滴定溶液回滴过量的EDTA。滴定至亮紫色即为终点。本法只适用于一氧化锰含量小于0.5%的试样。

$$Al^{3+} + H_2Y^{2-}（过量）\!\!=\!\!= AlY^- + 2H^+$$
$$Cu^{2+} + H_2Y^{2-}（剩余）\!\!=\!\!= CuY^{2-} + 2H^+$$

三、仪器及试剂
仪器

电子分析天平　　　　研钵　　　　托盘天平　　　　滴定分析装置　　　　银坩埚

试剂

1. 氢氧化钾；

2. 盐酸；

3. 盐酸　1：5；

4. 硝酸；

5. 氨水　1：1；

6. EDTA标准滴定溶液　0.02mol/L；

EDTA标准滴定溶液的配制：称取7.5g EDTA置于烧杯中，加约200mL水，加热溶解，过滤，用水稀释至1L。

EDTA标准滴定溶液的标定：称取0.65g于（800±50）℃的高温炉中灼烧至恒重的基准试剂氧化锌，用少量水湿润，加3mL20%的盐酸溶解，移入250mL容量瓶中，稀释至刻线，摇匀。准确移取25.00mL置于250mL锥形瓶中，加70mL水，用1：1氨水调节溶液pH＝7～8，加10mL氨-氯化铵缓冲溶液，5滴铬黑T指示剂，用EDTA溶液滴定至溶液由紫色变为纯蓝色。同时作空白试验。

7. 硫酸铜标准滴定溶液　0.02mol/L；

硫酸铜标准滴定溶液的配制：称取 5.0g 五水硫酸铜溶于水中，加 4～5 滴 1：1 硫酸，用水稀释至 1L，摇匀。

硫酸铜标准滴定溶液的标定：准确移取 25.00mL 0.02mol/L EDTA 标准滴定溶液于 250mL 锥形瓶中，用水稀释至约 150mL，加 15mL pH=4.3 的缓冲溶液，加热至沸腾，取下稍冷，加 5～6 滴 PAN 指示剂，用硫酸铜标准滴定溶液滴定至亮紫色。

8. 乙酸-乙酸钠缓冲溶液（pH=4.3）　将 42.3g 无水乙酸钠溶于水中，加 80mL 冰醋酸，用水稀释至 1L，摇匀。

9. 氨-氯化铵缓冲溶液（pH=10）　称取 27g NH_4Cl 溶于水中，加浓氨水 175mL，用水稀释至 500mL。

10. PAN 为指示剂（2g/L）　将 0.2g PAN 溶于 100mL95%（体积分数）乙醇中。

11. 铬黑 T 指示剂（5g/L）　称取 0.50g 铬黑 T 和 2.0g 盐酸羟胺，溶于乙醇，用乙醇稀释至 100mL。

四、测定过程

1. 试样的处理

准确称取约 0.5g 试样，精确至 0.0001g，置于银坩埚中，加入 6～7g 氢氧化钾，在 650～700℃ 的高温下熔融 20min，取出冷却，将坩埚放入已盛有 100mL 近沸腾水的烧杯中，盖上表面皿，于电热板上适当加热，待熔块完全浸出后，取出坩埚，用水冲洗坩埚和盖，在搅拌下一次加入 25～30mL 盐酸，再加入 1mL 硝酸。用 1：5 的热盐酸洗净坩埚和盖，将溶液加热至沸腾，冷却，然后移入 250mL 容量瓶中，用水稀释至标线，摇匀。此溶液可用于测定二氧化硅、三氧化二铁、氧化铝、氧化钙、氧化镁、二氧化钛。

2. 测定

准确吸取 25.00mL 待测溶液，放入 250mL 烧杯中，按照测定三氧化二铁的步骤先测定溶液中的三氧化二铁。然后向滴定完铁的溶液中加入 0.02mol/L EDTA 标准滴定溶液至过量 10～15mL（对铝、钛含量而言），用水稀释至 150～200mL，将溶液加热至 70～80℃后，加数滴 1：1 氨水使溶液 pH=3.0～3.5 之间，加 15mL pH=4.3 的乙酸-乙酸钠缓冲溶液，煮沸 1～2min，取下稍冷，加入 4～5 滴 PAN 指示剂，用 0.02mol/L 硫酸铜标准滴定溶液滴定至亮紫色为终点。记录消耗硫酸铜标准滴定溶液的体积。

五、数据处理

硅酸盐水泥中氧化铝的含量按下式计算：

$$w(Al_2O_3)=\frac{M_{Al_2O_3}(c_{EDTA}V_{EDTA}-c_{CuSO_4}V_{CuSO_4})\times10^{-3}\times10}{2m}\times100\%-0.64X_{TiO_2}$$

式中　$w(Al_2O_3)$——Al_2O_3 的质量分数，%；

　　　c_{EDTA}——EDTA 标准滴定溶液的浓度，mol/L；

　　　V_{EDTA}——EDTA 标准滴定溶液的体积，mL；

　　　c_{CuSO_4}——硫酸铜标准滴定溶液的浓度，mol/L；

　　　V_{CuSO_4}——硫酸铜标准滴定溶液的体积，mL；

　　　$M_{Al_2O_3}$——氧化铝的摩尔质量，g/mol；

　　　m——试样的质量，g；

　　　X_{TiO_2}——二氧化钛的质量分数，%；

　　　0.64——二氧化钛对氧化铝的换算系数。

六、关键技术

1. 试样粒度应小于 $74\mu m$，试样应在 $105℃$ 预干燥 $2\sim4h$ 置干燥器中，冷却至室温。

2. 由于 TiO_2-EDTA 配合物也能被 F^- 置换，定量地释放出 EDTA，若不掩蔽钛，则所测结果为铝钛合量。预先加入苦杏仁酸掩蔽钛。10mL 100g/L 苦杏仁酸溶液可消除试样中 $2\%\sim5\%$ 的 TiO_2 的干扰。用苦杏仁酸掩蔽钛的适宜 pH 值为 $3.5\sim6$。

子情境四　硅酸盐水泥中二氧化钛含量的测定

一、情境描述

采用分光光度测定水泥中的二氧化钛。掌握二安替比林甲烷分光光度法测定二氧化钛的基本原理；掌握分光光度计的使用及操作。

二、测定原理

在酸性溶液中，TiO^{2+} 与二安替比林甲烷（$C_{23}H_{24}N_4O_2$，简写为 DAPM）生成黄色配合物，用抗坏血酸消除 Fe^{2+} 的干扰，在 420nm 处测量其吸光度，在标准曲线上查得二氧化钛含量。反应式为：

$$TiO^{2+}+3DAPM+2H^+ \rightleftharpoons [TiO(DAPM)_3]^{4+}+H_2O$$

三、仪器及试剂

仪器

　　高温炉　　　　　电子分析天平　　　　　　银坩埚　　　　　分光光度计

试剂

1. 盐酸溶液　$1:2$、$1:11$；

2. 硫酸溶液　$1:9$；

3. 抗坏血酸溶液（5g/L）　将 0.5g 抗坏血酸溶于 100mL 水中，过滤后使用。用时现配；

4. 二安替比林甲烷溶液　30g/L 盐酸溶液，将 15g 二安替比林甲烷溶于 50mL 盐酸（$1:11$）中，过滤后使用。

四、测定过程

1. 试样的处理

准确称取约 0.5g 试样，精确至 0.0001g，置于银坩埚中，加入 $6\sim7g$ 氢氧化钾，在 $650\sim700℃$ 的高温下熔融 20min，取出冷却，将坩埚放入已盛有 100mL 近沸腾水的烧杯中，盖上表面皿，于电热板上适当加热，待熔块完全浸出后，取出坩埚，用水冲洗坩埚和盖，在搅拌下一次加入 $25\sim30mL$ 盐酸，再加入 1mL 硝酸。用 $1:5$ 的热盐酸洗净坩埚和盖，将溶液加热至沸腾，冷却，然后移入 250mL 容量瓶中，用水稀释至标线，摇匀。此溶液可用于测定二氧化硅、三氧化二铁、氧化铝、氧化钙、氧化镁、二氧化钛。

2. 二氧化钛标准溶液的配制

二氧化钛标准贮备溶液：0.1mg/mL：称取 0.1000g（精确至 0.0001g）经高温灼烧过的二氧化钛，置于铂（或瓷）坩埚中，加入 2g 焦硫酸钾，在 500～600℃下熔融至透明。熔块用 1∶9 硫酸浸出，加热至 50～60℃使熔块完全熔解，冷却后移入 1000mL 容量瓶中，用 1∶9 硫酸稀释至标线，摇匀。此标准溶液每毫升含有 0.1mg 二氧化钛。

二氧化钛标准使用溶液：0.02mg/mL：吸取 100.00mL 上述标准溶液于 500mL 容量瓶中，用 1∶9 硫酸稀释至标线，摇匀，此标准溶液每毫升含有 0.02mg 二氧化钛。

3. 绘制标准曲线

准确移取二氧化钛的标准使用溶液 0.00mL、2.50mL、5.00mL、7.50mL、10.00mL、12.50mL、15.00mL 分别置于七支 100mL 容量瓶中，每支容量瓶中依次加入 10mL 盐酸（1∶2）、10mL 5g/L 的抗坏血酸溶液、5mL 95%（体积分数）乙醇、20mL 30g/L 二安替比林甲烷溶液，用水稀释至标线，摇匀。放置 40min 后，使用分光光度计，10mm 比色皿，以水作参比于 420nm 处测定溶液的吸光度。以相对应的二氧化钛质量为横坐标，吸收光度值为纵坐标，绘制标准曲线。

4. 测定

准确移取 25.00mL 试样溶液置于 100mL 容量瓶中，加入 10mL 盐酸（1∶2）、10mL 5g/L 的抗坏血酸溶液、5mL 95%（体积分数）乙醇、20mL 30g/L 二安替比林甲烷溶液，用水稀释至标线，摇匀。放置 40min 后，使用分光光度计，1cm 比色皿，以水作参比，于 420nm 处测定溶液的吸光度。在标准曲线上查出二氧化钛的含量。

五、数据处理

TiO_2 的质量分数按下式计算：

$$w(TiO_2)=\frac{10m_1\times10^{-3}}{m}\times100\%$$

式中　$w(TiO_2)$——TiO_2 的质量分数，%；

m_1——从标准曲线上查得样品 TiO_2 的质量，mg；

m——试样的质量，g。

六、关键技术

1. 反应介质选用盐酸而不用硫酸，是因为硫酸溶液会降低配合物的吸光度。

2. 比色溶液的适宜酸度范围是 0.5～1mol/L。若酸度太低，会引起 TiO^{2+} 水解，同时 TiO^{2+} 也会与抗坏血酸形成不易破坏的微黄色配合物，而导致测定结果偏低。

3. Fe^{3+} 能与二安替比林甲烷形成棕色配合物，使测定结果产生显著的误差，可加入抗坏血酸，使 Fe^{3+} 还原以消除干扰。

4. 加入显色剂前，加入 5mL 95%（体积分数）乙醇，是为了防止溶液浑浊而影响测定。

5. 抗坏血酸及二安替比林甲烷溶液应现用现配，以防变质。

检验报告单

项目名称：_____

任务名称：_____

根据中华人民共和国_____（国家技术标准）

检验参数	指　　标	检验结果
硅酸盐水泥中二氧化硅的含量测定——氟硅酸钾法		
硅酸盐水泥中氧化铝含量的测定		
硅酸盐水泥中氧化铁含量的测定		
硅酸盐中二氧化钛含量的测定		

结论		报告人（签字）	
		报告人（签字）	
		审核人（签字）	
		班长（签字）	

化学肥料分析

子情境一　尿素中总氮含量的测定

一、情境描述

采用蒸馏法测定尿素中的总氮。掌握尿素中总氮含量的方法；掌握仪器安装及蒸馏的操作。

二、测定原理

在硫酸铜存在下，通过加热，试样中的酰胺态氮与浓硫酸反应转化为氨态氮，氨态氮在碱性条件下蒸馏产生氨气，氨气被过量的硫酸标准溶液吸收，剩余的硫酸用氢氧化钠标准滴定溶液滴定。

消化　$CO(NH_2)_2 + H_2SO_4(浓) + H_2O \Longrightarrow (NH_4)_2SO_4 + CO_2 \uparrow$

蒸馏　　　$(NH_4)_2SO_4 + 2NaOH \Longrightarrow Na_2SO_4 + 2NH_3 \uparrow + 2H_2O$

吸收　　　$2NH_3 + H_2SO_4(过量) \Longrightarrow (NH_4)_2SO_4$

滴定　　　$2NaOH + H_2SO_4(剩余) \Longrightarrow Na_2SO_4 + 2H_2O$

三、仪器及试剂

仪器

电子分析天平　　　　　凯氏烧瓶　　　　　直形冷凝管　　　　　电热板

试剂

1. 硫酸铜（$CuSO_4 \cdot 5H_2O$）；

2. 硫酸；

3. 氢氧化钠溶液（450g/L）　称量 45g 氢氧化钠溶于水中，稀释至 100mL；

4. 甲基红；

5. 亚甲基蓝；

6. 95％乙醇；

7. 甲基红-亚甲基蓝混合指示液　称取 0.10g 甲基红、0.05g 亚甲基蓝用 95％乙醇溶解，稀释到 100mL，混匀；

8. 硫酸标准溶液　0.25mol/L；

9. 氢氧化钠标准滴定溶液　0.5mol/L；

10. 硅油。

四、测定过程

1. 消化

准确称取约5g试样，精确至0.0001g，移入500mL凯氏烧瓶中。加25mL水、50mL硫酸、0.5g硫酸铜，插上梨形玻璃漏斗，在通风橱内缓慢加热，使二氧化碳逸尽，然后逐步提高加热温度，直至冒白烟，再继续加热20min，取下，待冷却后，小心加入300mL水，冷却。把凯氏烧瓶中的溶液移入500mL容量瓶中，稀释至刻度，摇匀。

2. 蒸馏、吸收

从容量瓶中准确移取50.00mL溶液置于蒸馏烧瓶中，加入约300mL水，3滴混合指示液和少许防爆沸石或多孔瓷片。用滴定管或移液管准确移取40.00mL硫酸标准滴定溶液于接收器中，加水使溶液能淹没接收器的双连球瓶颈，加4～5滴混合指示液。用硅油涂抹仪器接口，连接好蒸馏仪器，并保证仪器所有连接部分密封。通过滴液漏斗往蒸馏烧瓶中加入足够量的氢氧化钠溶液，以中和溶液并过量25mL（应当注意，滴液漏斗上至少存留几毫升溶液），加热蒸馏，直到接收器中的收集量达到250～300mL时停止加热，拆下防溅球管，用水洗涤冷凝管，洗涤液收集在接收器中。

3. 滴定

将接收器中的溶液混匀，用氢氧化钠标准滴定溶液返滴定过量的酸，直至溶液呈灰绿色，滴定时要仔细搅拌，以保证溶液混匀。

4. 空白试验

按上述操作步骤进行空白试验，除不加样品外，操作手续和应用的试剂与测定时相同。

五、数据处理

试样中总氮含量以氮含量计，用质量分数表示，按下式计算：

$$w(N) = \frac{c_{NaOH}(V_2 - V_1) \times 10^{-3} \times M_N \times \frac{500}{50}}{m(100\% - X_{H_2O})} \times 100\%$$

式中　V_1——测定时，使用氢氧化钠标准滴定溶液的体积，mL；

　　　V_2——空白试验时，使用氢氧化钠标准滴定溶液的体积，mL；

　　c_{NaOH}——测定及空白试验时，使用氢氧化钠标准滴定溶液的浓度，mol/L；

　　　m——试样的质量，g；

　　　M_N——氮的摩尔质量，g/mol；

　　X_{H_2O}——试样中水分含量，%。

六、关键技术

1. 试液消化时，在盛有试样的凯氏烧瓶中加入硫酸铜。

2. 检查蒸馏装置的气密性。

必备知识

一、化肥的作用

化学肥料是以提供植物养分为其主要功效的物料，是促进植物生长和提高农作物产量的重要物质。它能为农作物的生长提供必需的营养元素，能调节养料的循环，改良土壤的物理、化学性质，促进农业增产。农作物的营养元素（即植物养分）包括三类：一是主要营养元素，包括碳、氢、氧、氮、磷、钾；二是次要营养元素，包括钙、镁、硫；三是微量元素，包括铜、铁、锌、锰、钼、硼、氯。这些营养元素对于作物生长和成熟都是不可缺少的，也是不可替代的。

碳、氢、氧三种元素可从空气中或水中获得。钙、镁、铁、硫等元素在土壤中的量也已足够，只有氮、磷、钾需要不断补充，它们被称为肥料三要素。氮是植物叶和茎生长不可缺少的；磷对植物发芽、生根、开花、结果，使籽实饱满起重要作用。钾能使植物茎秆强壮，促使淀粉和糖类的形成，并增强对病害的抵抗力。

二、化肥的种类

（1）氮肥　氨态氮肥（NH_4^+ 和 NH_3）、硝态氮肥（NO_3^-）、有机态氮肥-蛋白质或其他含氮有机物。

（2）磷肥　水溶性磷酸盐（如磷酸二氢钙）、弱酸溶性磷酸盐（如结晶磷酸氢钙）、难溶性磷酸盐（如磷酸三钙）。

（3）钾肥　水溶性钾肥（如硫酸钾）、酸溶性钾肥［硅铝酸钾（$K_2SiO_3 \cdot K_2AlO_3$）］、难溶性钾肥［如钾长石（$K_2O \cdot Al_2O_3 \cdot 6SiO_2$）］。

（4）复合肥、复混肥　复合肥（如磷酸铵）；复混肥（如尿素、过磷酸钙、氯化钾等）。

三、化学肥料的分析

1. 有效成分含量的测定

对于氮肥主要测定氨态氮、硝态氮、有机态氮（酰胺态氮、氰胺态氮）肥中氮的含量；对于磷肥主要测定水溶性磷酸盐、弱酸溶性磷酸盐，即有效磷的测定；对于钾肥主要测定其水溶性钾的含量。

2. 水分含量的测定

水分含量高时，使有些固体化肥易黏结成块，有的会水解而损失有效成分，主要采用烘干法、吸收法、化学法测定水分。

3. 杂质含量的测定

主要测定各类化肥中影响植物生长（如硫酸铵中的游离酸、尿素中的缩二脲、水分等）成分的测定。

子情境二　磷肥中有效磷的测定——重量法

一、情境描述

采用重量法测定磷肥中有效磷。掌握有效磷提取的方法；掌握恒重的操作。

二、测定原理

用水和碱性柠檬酸铵溶液提取过磷酸钙中的有效磷，提取液中正磷酸离子在酸性介质中与喹钼柠酮试剂生成黄色磷钼酸喹啉沉淀，经过滤、洗涤、干燥和称重所得沉淀质量，计算五氧化二磷的含量。

正磷酸根离子在酸性介质中与钼酸根离子生成磷钼杂多酸：

$$H_3PO_4 + 12MoO_4^{2-} + 24H^+ \Longrightarrow H_3(PO_4 \cdot 12MoO_3) \cdot H_2O + 11H_2O$$

磷钼杂多酸与大分子有机碱喹啉生成溶解度很小的磷钼酸喹啉黄色沉淀：

$$H_3PO_4+12MoO_4^{2-}+24H^++3C_9H_7N\Longrightarrow(C_9H_7N)_3H_3(PO_4\cdot12MoO_3)\cdot H_2O\downarrow+11H_2O$$

磷钼酸喹啉（黄色）

三、仪器及试剂

仪器

恒温干燥箱　　　　　电子分析天平　　　　水浴锅　　　玻璃坩埚式滤器

试剂

1. 硝酸；

2. 钼酸钠二水合物；

3. 柠檬酸一水合物；

4. 喹啉（不含还原剂）；

5. 丙酮；

6. 硝酸溶液　1：1；

7. 氨水　2：3；

8. 硫酸标准滴定溶液　0.05mol/L；

9. 甲基红指示剂(2g/L)　称取0.2g甲基红用100mL60%（体积分数）乙醇溶解；

10. 喹钼柠酮试剂；

溶液Ⅰ：溶解70g钼酸钠二水合物于150mL水中；

溶液Ⅱ：溶解60g柠檬酸一水合物于85mL硝酸和150mL水的混合液中，冷却；

溶液Ⅲ：在不断搅拌下，缓慢地将溶液Ⅰ加到溶液Ⅱ中，混匀；

溶液Ⅳ：将5mL喹啉加入35mL硝酸和100mL水的混合液中；

溶液Ⅴ：缓慢地将溶液Ⅳ加到溶液Ⅲ中，混合后放置24h再过滤，滤液中加入280mL丙酮，用水稀释至1000mL，混匀，将溶液贮存在聚乙烯瓶中，放于暗处，避光避热。

11. 碱性柠檬酸铵溶液（又名彼得曼试剂）：1L溶液中应含173g柠檬酸一水合物和42g以氨形式存在的氮，相当于51g氨。

（1）配制：用移液管准确移取10mL 2：3氨水，置于预先盛有400mL水的500mL容量瓶中，用水稀释至刻度，混匀。

（2）测定：从500mL容量瓶中准确移取25.00mL溶液两份，分别移入预先盛有25mL水的250mL锥形瓶中，加2滴甲基红指示剂，用硫酸标准滴定溶液滴定至溶液呈红色。

（3）计算：氨水溶液中，以氨的质量分数表示的氮含量$w(NH_3)$按下式计算：

$$w(NH_3)=\dfrac{2c_{H_2SO_4}V_{H_2SO_4}M_N\times10^{-3}}{10\times\dfrac{25}{500}}\times100\%$$

式中　$c_{H_2SO_4}$——硫酸标准滴定溶液的浓度，mol/L；

$V_{H_2SO_4}$——测定时消耗硫酸标准滴定溶液的体积，mL；

M_N——氮的摩尔质量，g/mol。

（4）配制 V_1L 碱性柠檬酸铵溶液所需氨水溶液的体积 V_2L，按下式计算：

$$V_2 = \frac{42V_1}{w(NH_3)}$$

四、测定过程

1. 试样的制备

（1）水溶性磷提取 准确称取 1.5～2.0g 试样，精确至 0.0001g，将试样置于 75mL 体积的瓷蒸发皿中，加 25mL 水研磨，按倾泻法将试液倾注过滤到预先注入 5mL 硝酸溶液的 250mL 容量瓶中，洗涤、研磨试样三次，每次用 25mL 水，然后将水提取后的不溶物转移到滤纸上，用水洗涤瓷蒸发皿和不溶物至容量瓶中溶液达 200mL 左右为止，用水稀释至刻度，混匀。溶液供测定水溶性磷用，不溶物作碱性柠檬酸铵溶性磷用。

（2）碱性柠檬酸铵溶性磷的提取 将（1）中提取水溶性磷后的不溶物连同滤纸一并转移到 250mL 容量瓶中，然后加入 100mL 预先加热到 65℃ 的碱性柠檬酸铵，盖上瓶塞，振荡至滤纸分裂为纤维状为止。将容量瓶置于（65±1）℃的水浴中保温提取 1h，每隔 10min 振荡一次。从水浴中取出容量瓶，冷却至室温，用水稀释至刻度，混匀，用干燥滤纸和漏斗过滤于干燥的烧杯中，弃去最初几毫升滤液。滤液供测定碱性柠檬酸铵溶性磷用。

2. 磷的测定

（1）水溶性磷含量的测定 用移液管吸取 15.00mL 水溶性磷提取液，注入 400mL 烧杯中，加入 10mL 硝酸溶液，用水稀释至 100mL，加热煮沸数分钟，加入 35mL 喹钼柠酮试剂，用表面皿盖上烧杯，置于近沸水浴中保温至沉淀分层，取出烧杯冷却至室温，冷却过程中转动烧杯 3～4 次。

用预先在（180±2）℃下干燥至恒重的 4 号玻璃坩埚式滤器抽滤，先将上层清液滤完，然后以倾泻法洗涤沉淀 1～2 次（每次用 25mL 水），将沉淀转移到滤器中，再用水继续洗涤，所用水共 125～150mL，将带有沉淀的滤器置于（180±2）℃的恒温干燥箱内，待温度达到后干燥 45min，移入干燥器中冷却，称量。

（2）有效磷（水溶性磷＋中性柠檬酸铵溶性磷）含量的测定 用移液管分别吸取 15.00mL 水溶性磷提取液和碱性柠檬酸铵溶性磷的提取液，于 400mL 烧杯中，加入 10mL 硝酸溶液，用水稀释至 100mL，加热煮沸数分钟，加入 35mL 喹钼柠酮试剂，用表面皿盖上烧杯，置于近沸水浴中保温至沉淀分层，取出烧杯冷却至室温，冷却过程中转动烧杯 3～4 次。用预先在（180±2）℃下干燥至恒重的 4 号玻璃坩埚式滤器抽滤，先将上层清液滤完，然后以倾泻法洗涤沉淀 1～2 次（每次用 25mL 水），将沉淀转移到滤器中，再用水继续洗涤，所用水共 125～150mL，将带有沉淀的滤器置于（180±2）℃的恒温干燥箱内，待温度达到后干燥 45min，移入干燥器中冷却，称量。

3. 空白试验

在测定的同时，按同样的操作步骤，同样试剂，但不含试样进行空白试验。

五、数据处理

水溶性磷（P_2O_5）含量 X_1，以质量分数表示，按下式计算：

$$X_1 = \frac{(m_1 - m_2)M_{P_2O_5}}{2 \times \frac{15}{250} \times mM_{磷钼酸喹啉}} \times 100\%$$

式中　m_1——试验所得磷钼酸喹啉沉淀的质量，g；

　　　m_2——空白试验所得磷钼酸喹啉的质量，g；

　　　m——试样的质量，g；

$M_{磷钼酸喹啉}$——磷钼酸喹啉沉淀的摩尔质量，g/mol；

　　$M_{P_2O_5}$——五氧化二磷的摩尔质量，g/mol；

　15/250——分取试样液体积占试样液体积的分数。

子情境三　钾肥中钾含量的测定

一、情境描述

采用滴定法测定钾肥中的钾。掌握四苯硼酸钠滴定法测定钾肥中钾含量的方法；熟练掌握返滴定方式的操作。

二、测定原理

试样用稀酸溶解，加甲醛溶液和乙二胺四乙酸二钠溶液，消除铵离子和其他阳离子的干扰，在微碱性溶液中，以过的四苯硼酸钠标准滴定溶液沉淀试样中钾，滤液中过量的四苯硼酸钠以达旦黄作指示剂，用十六烷基三甲基溴化铵（CTMAB）返滴至溶液由黄色变成明显的粉红色，其化学反应：

$$B(C_6H_5)_4^-（过量）+K^+ \Longrightarrow KB(C_6H_5)_4 \downarrow$$

$$Br[N(CH_3)_3 \cdot C_{16}H_{33}]+NaB(C_6H_5)_4（剩余）\Longrightarrow B(C_6H_5)_4 \cdot N(CH_3)_3C_{16}H_{33} \downarrow +NaBr$$

三、仪器及试剂

仪器

电子分析天平　　　　　滴定分析装置　　　　　吸量管　　　　　洗耳球

试剂

1. 盐酸；

2. EDTA 溶液（100g/L）　取 10g EDTA 溶解于 100mL 水中；

3. 氢氧化钠溶液（200g/L）　取 20g 不含钾的氢氧化钠溶解于 100mL 水中；

4. 甲醛溶液　密度约 1.1g/cm³；

5. 四苯硼酸钠（STPB）溶液　0.035mol/L；

（1）配制：称取四苯硼酸钠 12g 于 600mL 烧杯中，加水约 400mL，使其溶解，加入 10g 氢氧化铝，搅拌 10min，用慢速滤纸过滤，如滤液呈浑浊，必须反复过滤直至澄清，收集全部滤液于 250mL 容量瓶中，加入 1mL 氢氧化钠溶液，然后稀释至刻度，混匀，静置 48h。

（2）标定：准确吸取 25mL 0.035mol/L 四苯硼酸钠溶液，置于 250mL 锥形瓶中，加入 20mL 水和 1mL 氢氧化钠溶液，再加入 2.5mL 甲醛溶液，加 8～10 滴达旦黄指示剂，用十六烷基三甲基溴化铵（CTMAB）溶液滴定剩余的四苯硼酸钠至明显的粉红色为止。

（3）计算：按下式计算四苯硼酸钠标准溶液的浓度。

$$c_{NaB(C_6H_5)_4} = \frac{c_{CTMAB}V_{CTMAB}}{V_{NaB(C_6H_5)_4}}$$

式中　$c_{NaB(C_6H_5)_4}$——四苯硼酸钠标准溶液的浓度，mol/L；

$V_{NaB(C_6H_5)_4}$——所用四苯硼酸钠标准溶液的体积，mL；

V_{CTMAB}——所取十六烷基三甲基溴化铵标准溶液的体积，mL；

c_{CTMAB}——十六烷基三甲基溴化铵标准溶液浓度，mol/L。

6. 达旦黄指示剂（0.4g/L）　称取 0.04g 达旦黄于 100mL 水中；

7. 十六烷基三甲基溴化铵（CTMAB）标准滴定溶液　0.035mol/L；

（1）配制：称取 12.7g 十六烷基三甲基溴化铵于小烧杯中，用 5mL 乙醇湿润，然后加水溶解，并稀释至 100mL，混匀，按下法测定其与四苯硼酸钠溶液的比值。

（2）标定：准确量取 25mL 四苯硼酸钠溶液于 250mL 锥形瓶中，加入 20mL 水和 1mL 氢氧化钠溶液，再加入 2.5mL 甲醛溶液及 8～10 滴达旦黄指示剂，由微量滴定管滴加十六烷基三甲基溴化铵溶液，至溶液呈粉红色为止。

（3）计算：按下式计算十六烷基三甲基溴化铵（CTMAB）标准滴定溶液的浓度。

$$c_{CTMAB} = \frac{c_{NaB(C_6H_5)_4}V_{NaB(C_6H_5)_4}}{V_{CTMAB}}$$

式中　c_{CTMAB}——CTMAB 标准滴定溶液的浓度，mol/L；

V_{CTMAB}——CTMAB 标准滴定溶液的体积，mL；

$c_{NaB(C_6H_5)_4}$——四苯硼酸钠标准溶液的浓度，mol/L；

$V_{NaB(C_6H_5)_4}$——四苯硼酸钠标准溶液的体积，mL。

8. 氯化钾标准溶液　0.05mol/L。

四、测定过程

1. 试液的制备

（1）复合肥等　称取试样 5g（精确至 0.0002g），置于 400mL 烧杯中，加入 200mL 水及 10mL 盐酸煮沸 15min。冷却，移入 500mL 容量瓶中，加水至标线，混匀后，干滤（若测定复合肥中水溶性钾，操作时不加盐酸，加热煮沸时间改为 30min）。

（2）氯化钾、硫酸钾等　准确称取试样 1.5g（精确至 0.0002g），其他操作同复合肥。

2. 测定过程

准确吸取 25.00mL 上述滤液于 100mL 容量瓶中，加 10mL EDTA 溶液、3mL 氢氧化钠溶液和 5mL 甲醛溶液，由滴定管加入较理论所需量多 8mL 的四苯硼酸钠溶液（10mL K_2O 需 6mL 四苯硼酸钠溶液），用水沿瓶壁稀释至标线，充分混匀，静置 5～10min，干过滤。准确吸取 50mL 滤液，置于 250mL 锥形瓶内，加入 8～10 滴达旦黄指示剂，用十六烷基三甲基溴化铵溶液返滴剩余的四苯硼酸钠，至溶液呈粉红色为止。

五、数据处理

以质量分数表示的氧化钾含量 $w(K_2O)$ 按下式计算：

$$w(K_2O) = \frac{(c_{NaB(C_6H_5)_4}V_{NaB(C_6H_5)_4} - c_{CTMAB}V_{CTMAB}) \times 10^{-3}M_{K_2O}}{2m} \times 100\%$$

式中　$c_{\text{NaB(C}_6\text{H}_5)_4}$——四苯硼酸钠标准溶液的浓度，mol/L；

　　　$V_{\text{NaB(C}_6\text{H}_5)_4}$——所用四苯硼酸钠标准溶液的体积，mL；

　　　c_{CTMAB}——CTMAB标准滴定溶液的浓度，mol/L；

　　　V_{CTMAB}——所用CTMAB标准滴定溶液的体积，mL；

　　　$M_{\text{K}_2\text{O}}$——氧化钾的摩尔质量，g/mol；

　　　m——试样质量，g。

六、关键技术

1. 四苯硼酸钠水溶液的稳定性较差，易变质产生浑浊，也可能是水中有痕量钾所致。加入氢氧化铝，可以吸附溶液中的浑浊物质，经过滤得澄清溶液。加氢氧化钠使四苯硼酸钠溶液具有一定的碱度，也可增加其稳定性。配制好的溶液，经放置48h以上，所标定的浓度在一星期内变化不大。

2. 加甲醛使铵盐与其反应生成六亚甲基四胺，从而消除铵盐的干扰。溶液中即使不存在铵盐，加入甲醛后亦可使终点明显。

3. 银、铷、铯等离子也产生沉淀反应，但一般钾肥中不含或极少含有这些离子，可不予考虑。钾肥中常见的杂质有钙、镁、铝、铁等硫酸盐和磷酸盐，虽与四苯硼酸钠不反应，但滴定是在碱性溶液中进行，可能会生成氢氧化物、磷酸盐或硫酸盐等沉淀，因吸附作用而影响滴定，故加EDTA掩蔽，以消除其影响。

4. 四苯硼酸钾的溶解度大于四苯硼酸季铵盐（CTMAB是一种季铵盐阳离子表面活性剂），故必须滤去，以免在用CTMAB返滴定时产生干扰。

5. 四苯硼酸钠水溶液稳定性较差，在配制时加入氢氧化钠，使溶液具有一定的碱度而增强其稳定性。一般需要48h老化时间，这样可以使一星期内的标定结果保持基本不变。

6. 试样溶液在滴定时，其pH值必须控制在12～13之间。如呈酸性，则无终点出现。

7. 十六烷基三甲基溴化铵是一种表面活性剂，用纯水配制溶液时泡沫很多且不易完全溶解，如把固体用乙醇先行湿润，然后加水溶解，则可得到澄清的溶液，乙醇的用量约为总液量的5%，乙醇的存在对测定无影响。

检验报告单

项目名称：_____

任务名称：_____

根据中华人民共和国_____（国家技术标准）

检验参数	指　标	检验结果
尿素中总氮含量的测定		
磷肥中有效磷的测定——重量法		
钾肥中钾含量的测定		

结论		报告人（签字）	
		报告人（签字）	
		审核人（签字）	
		班长（签字）	

情境五

钢 铁 分 析

子情境一　钢铁中总碳的测定

一、情境描述

采用燃烧-气体容量法测定钢铁中的碳。掌握燃烧-气体容量法的测定原理；熟练掌握定碳装置的操作方法。

二、测定原理

将钢铁试样置于 1150～1250℃高温炉中加热，并通氧气燃烧，使钢铁中的碳和硫被定量氧化成 CO_2 和 SO_2，混合气体经除硫剂（活性 MnO_2）后收集于量气管中，然后以氢氧化钾溶液吸收其中的 CO_2，吸收前后体积之差即为生成 CO_2 体积，由此计算碳含量。

本方法适用于生铁、铁粉、碳钢、高温合金及精密合金中碳量的测定。测定范围为 0.10%～2.0%。

1. 定量氧化

$$C+O_2 \!=\!\!= CO_2 \uparrow$$
$$4Fe_3C+13O_2 \!=\!\!= 6Fe_2O_3+4CO_2 \uparrow$$
$$Mn_3C+3O_2 \!=\!\!= Mn_3O_4+CO_2 \uparrow$$
$$4Cr_3C_2+17O_2 \!=\!\!= 6Cr_2O_3+8CO_2 \uparrow$$
$$4FeS+7O_2 \!=\!\!= 2Fe_2O_3+4SO_2 \uparrow$$
$$3MnS+5O_2 \!=\!\!= Mn_3O_4+3SO_2 \uparrow$$

2. 吸收 SO_2 和 CO_2

$$MnO_2+SO_2 \!=\!\!= MnSO_4$$
$$2KOH+CO_2 \!=\!\!= K_2CO_3+H_2O$$

三、仪器及试剂

仪器

卧式炉气体容量法定碳装置如图 5-1 所示。

试剂

1. 高锰酸钾溶液　4%；

2. 氢氧化钾溶液　40%；

3. 甲基红指示剂　0.2%；

4. 除硫剂　活性二氧化锰（粒状）或钒酸银；

钒酸银的制备方法：称取钒酸铵（或偏钒酸铵）12g 溶解于 400mL 水中，然后将两者混合，用玻璃坩埚过滤，用水稍加洗净。然后在烘箱中 110℃烘干。取其 20～40 目，保存

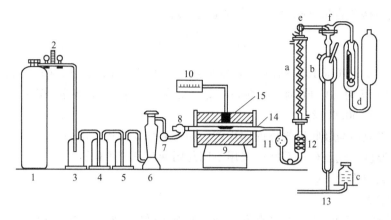

图 5-1　卧式炉气体容量法定碳装置

1—氧气瓶；2—氧气表；3—缓冲瓶；4，5—洗气瓶；6—干燥塔；7—供氧活塞；8—玻璃磨口塞；
9—管式炉；10—温度自动控制器（或调压器）；11—球形干燥管；12—除硫管；13—容量定
碳仪［包括：蛇形管 a（套内装冷却水，用以冷却混合气体）、量气管 b（用以测量气体体积）、
水准瓶 c（内盛酸性氯化钠溶液）、吸收器 d（内盛 40％氢氧化钾溶液）、小活塞 e（它可以
通过 f 使 a 和 b 接通，也可分别使 a 或 b 通大气）、三通活塞 f（它可以使 a 与 b 接通，也可使 b 与 d 接通）］

在干燥器中备用。

活性氧化锰的制备方法：硫酸锰 20g 溶解于 500mL 水中，加入浓氨水 10mL，摇匀，加 90mL 过硫酸铵溶液（25％），边加边搅拌，煮沸 10min，再加 1～2 滴氨水，静置至澄清（如果不澄清则再加过硫酸铵适量）。抽滤，用氨水洗 10 次，热水洗 2～3 次，再用硫酸（5∶95）洗 12 次，最后用热水洗至无硫酸反应。于 110℃烘箱中烘干 3～4h，取其 20～40目，在干燥器中保存。

5. 酸性水溶液　稀硫酸溶液（5∶995），加几滴甲基橙或甲基红，使之呈稳定的浅红色（或按各仪器说明书配制）；

6. 助熔剂　锡粒（或锡片）、铜、氧化铜、五氧化二钒或纯铁粉。

四、测定过程

1. 将炉温升至 1200～1300℃，检查管路及活塞是否漏气，装置是否正常，燃烧标准样，检查仪器及操作。

2. 称取试样（含碳 1.5％以下称取 0.5000～2.000g，1.5％以上称 0.2000～0.5000g）置于瓷舟中，覆盖适量助熔剂，启开玻璃磨口塞，将瓷舟放入瓷管内，用长钩推至高温处，立即塞紧磨口塞。预热 1min，根据定碳仪操作规程操作，测定其读数（体积或含量）。启开磨口塞，用长钩将瓷舟拉出，即可进行下一试样分析。

五、数据处理

通常把 101.3kPa、16℃时的体积 V_{16} 与任意温度、压力下所占体积 V_T 之比作为碳的校正系数 f：

$$f = \frac{V_{16}}{V_T} = 0.3872 \times \frac{P}{T}$$

式中　f——校正系数；

P——测量条件下的大气压（扣除饱和水蒸气的压力）；

T——测量时的热力学温度。

按下式计算碳的含量（标尺刻度单位是毫升）：

$$w(C) = \frac{AVf}{m} \times 100\%$$

式中　A——16℃、气压101.3kPa时，每毫升二氧化碳中含碳质量，g；用酸性水溶液作封闭液时 A 值为 0.0005000g，用氯化钠酸性溶液作封闭液时 A 值为 0.0005022g；

V——吸收前与吸收后气体的体积差，即二氧化碳体积，mL；

f——温度、气压校正系数，采用不同封闭液时其值不同；

m——试样质量，g。

六、关键技术

1. 适当选择定碳仪的安放地点及位置，使定碳仪远离高温炉（距离高温炉约300～500mm），避免阳光的直接照射和其他形式的热辐射，并尽可能改善定碳室的通风条件等。

2. 新更换水准瓶所盛溶液、玻璃棉、除硫剂、氢氧化钾溶液后，应作几次高碳试样，使用二氧化碳饱和后，方能进行操作。

3. 观察试样是否完全燃烧，如燃烧不完全，需重新分析。判断燃烧是否完全的一般方法是：试样燃烧后的表面应光滑平整，如表面有坑状等不光滑之处则表明燃烧不完全。

4. 新的燃烧管要进行通氧灼烧，以除去燃烧管中有机物，瓷舟要进行高温灼烧后再使用。

5. 助熔剂中含碳量一般不超过0.005%，使用前应做空白试验，并从分析结果中扣除。

必备知识

钢铁试样的采取和制备

一、钢铁样品的采取

任何送检样的采取都必须保证试样对母体材料的代表性。因为钢铁在凝固过程中的偏析现象常常不可避免，除特殊情况之外，为了保证钢铁产品的质量，一般是从质地均匀的熔融液态取送检样，并依此制备分析试样。特殊情况有两种，一是成品质量检验，钢铁成品本身是固态的，只能从固态中取样。二是铸造过程中必须添加镇静剂，而又必须分析母体材料本身的镇静剂成分的情况。对于这种情况，需要在铸锭工序后适当的炉料或批量中取送检样。

1. 常用的取样工具是钢制长柄取样勺，容积约为200mL。铸模70mm×40mm×30mm（砂模或钢制模）等。

2. 在出铁口取样，是用长柄勺白取铁水，预热取样勺后重新白取铁水，浇入砂模内，此铸件作为送检样。在高炉容积较大的情况下，可将一次出铁划分为初、中、末三期，在每一阶段的中间各取一次作为送检样。

3. 在铁水包或混铁车中取样时，应在铁水装至1/2时取一个样或更严格一点在装入铁水的初、中、末期各阶段的中点各取一个样。

4. 当用铸铁机生产商品铸铁时，考虑到从炉前到铸铁厂的过程中铁水成分的变化，应选择在从铁水包倒入铸铁机的中间时刻取样。

5. 从炼钢炉内的钢水中取样，一般是用取样勺从炉内白出钢水，清除表面的渣子之后浇入金属铸模中，凝固后作为送检样。为了防止钢水和空气接触时，钢中易氧化元素发生变化，有时采用浸入式铸模或取样枪在炉内取送检样。

6. 从冷的生铁块中取送检样时，一般是随机地从一批铁块中取 3 个以上的铁块作为送检样。当一批的总量超过 30t 时，每超过 10t 增加一个铁块。每批的送检样由 3～7 个铁块组成。

7. 钢坯一般不取送检样，其化学成分由钢水包中取样分析决定。因为钢锭中会带有各种缺陷（沉淀、偏析、非金属夹杂物及裂痕）。轧钢厂用钢坯，要进行原材料分析时，可以从原料钢锭 1/5 高度的位置沿垂直于轧制的方向切取钢坯整个断的钢材。

8. 钢材制品，一般不分析，要取样可用切割的方法取样，但应多取一些，以便制取分析试样。

二、分析试样的制备

试样的制取方法有钻取法、刨取法、车取法、捣碎法、压延法、锯、抢、锉取法等。针对不同送检试样的性质、形状、大小等采取不同方法制取分析试样。

1. 生铁试样的制备

（1）白口铁　由于白口铁硬度大，只能用大锤打下，砂轮机磨光表面，再用冲击钵碎至过 100 号筛。

（2）灰口铸造铁　由于灰口铁中碳主要以碳化物存在，要防止在制样过程中产生高温氧化。清除送检样表面的杂质后，用 $\phi20～50mm$ 的钻头在送检样中央垂直钻孔（80～150r/min），表面层的钻屑弃去，继续钻进 25mm 深，制成 50～100g 试样。选取 5g 粗大的钻屑用于定碳，其余钢研钵碎磨至过 20 号筛（0.84mm），供分析其他元素用。

2. 钢样的制备

钢样的制备不仅应考虑凝固过程中的偏析现象，而且要考虑热处理后表面发生的变化，特别是钢的标准范围窄，致使制样对分析精度的影响达到不可忽视的程度。

（1）钢水中取来的送检样　一般采用钻取方法，制取分析试样应尽可能选取代表送检样平均组成的部分垂直钻取，厚度不超过 1mm 的切屑。

（2）半成品、成品钢材送检样　大断面的初轧坯、方坯、扁坯、圆钢、方钢、锻钢件等，样屑应从钢材的整个横断面或半个横断面上刨取；或从钢材横断面中心至边缘的中间部位（或对角线 1/4 处）平行于轴线钻取；或从钢材侧面垂直于轴中心线钻取，此时钻孔深度应达钢材或钢坯轴心处。

大断面的中空锻件或管件，应从壁厚内外表面的中间部位钻取，或在端头整个断面上刨取。

小断面钢材等，样屑从钢材的整个断面上刨取（焊接钢管应避开焊缝）；或从断面上沿轧制方向钻取孔应对称均匀分布；或从钢材外侧面的中间部位垂直于轧制方向用钻通的方法钻取。如钢带、钢丝，应从弯折叠合或捆扎成束的样块横断面上刨取，或从不同根钢带、钢丝上截取。

3. 钢板

纵轧钢板：钢板宽度小于 1m 时，沿钢板宽度剪切一条宽 50mm 的试料；钢板宽度大于或等于 1m 时，沿钢板宽度自边缘至中心剪切一条宽 50mm 的试料。将试料两端对齐，折叠 1～2 次或多次，并压紧弯折处，然后在其长度的中间，沿剪切的内边刨取，或自表面电钻通的方法钻取。

横轧钢板：自钢板端部与中央之间，沿板边剪切一条宽 50mm、长 500mm 的试料，将两端对齐，折叠 1~2 次或多次，并压紧弯折处，然后在其长度的中间，沿剪切的内边刨取，或自表面用钻通的方法钻取。

厚钢板不能折叠时，则按上述的纵轧或横轧钢板所述相应折叠的位置钻取或刨取，然后将等量样屑混合均匀。

三、钢铁样品的分解

钢铁试样主要采用酸分解法，常用的有盐酸、硫酸和硝酸。三种酸可单独或混合使用，分解钢铁样品时，若单独使用一种酸时，往往分解不够彻底，混合使用时，可以取长补短，且能生产新的溶解能力。有时针对某些试样，还需加过氧化氢、氢氟酸或磷酸等。一般均采用稀酸溶解试样，而不用浓酸，防止溶解反应过于激烈。对于某些难溶的试样，则可采用碱熔分解法。

对于不同类型钢铁试样有不同的分解方法，现简略介绍如下。

1. 对于生铁和碳素钢，常用稀硝酸分解，常用（1:1）～（1:5）的稀硝酸，也有用稀盐酸（1:1）分解的。

2. 合金钢和铁合金，针对不同对象须用不同的分解方法。

（1）硅钢、含镍钢、钒铁、钼铁、钨铁、硅铁、硼铁、硅钙合金、稀土硅铁、硅锰铁合金：可以在塑料器皿中，先用浓硝酸分解，待剧烈反应停止后再加氢氟酸继续分解。或用过氧化钠（或过氧化钠和碳酸钠的混合熔剂）于高温炉中熔融分解，然后以酸提取。

（2）铬铁、高铬钢、耐热钢、不锈钢：为了防止生成氧化膜而钝化，不宜用硝酸分解，而应在塑料器皿中用浓盐酸加过氧化氢分解。

（3）高碳铬铁、含钨铸铁：由于所含游离碳较高，且不为酸所溶解，因此试样应于塑料器皿中用硝酸加氢氟酸分解，并用脱脂过滤除去游离碳。

（4）钛铁：宜用硫酸（1:1）溶解，并冒白烟 1min，冷却后盐酸（1:1）溶解盐类。

（5）高碳铬铁：宜用 Na_2O_2 熔融分解，酸提取。

3. 燃烧法。于高温炉中用燃烧法将钢铁试样中的碳和硫转化为 CO_2 和 SO_2，是钢铁中碳和硫含量测定的常用分解法。

拓展知识

一、钢铁材料的分类

1. 钢的分类

钢是指含碳量低于 2% 的铁碳合金，其成分除铁碳外，还有少量硅、锰、硫、磷等杂质元素，合金钢还含有其他合金元素。一般工业用钢含碳量不超过 1.4%。常用分类方法有以下几种。

（1）按化学成分分类　钢铁材料可分为碳素钢和合金钢两种。

碳素钢：工业纯铁（含碳量≤0.04%）；

低碳钢（含碳量≤0.25%）；

中碳钢（含碳量在 0.25%～0.60%）；

高碳钢（含碳量>0.60%）。

合金钢：低合金钢（合金元素总量≤5%）；

中合金钢（合金元素总量在 5%～10%）；

高合金钢（合金元素总量＞10%）。

（2）按品质分类　普通钢（磷含量≤0.045%，硫含量≤0.055%）；优质钢（磷含量、硫含量≤0.040%）；高级优质钢（磷含量≤0.035%，硫含量≤0.030%）。

（3）按冶炼方法分类　按炉别分类有：平炉钢；转炉钢；电炉钢等。

（4）按脱氧程度分类　沸腾钢；镇静钢；半镇静钢。

（5）按用途分类　结构钢；建筑及工程用钢；机械制造用钢。

工具钢：刃具、量具、模具等。

特殊性能钢：耐酸、低温、耐热、电工、超高强钢等。

2. 生铁的分类

生铁是含碳量高于 2% 的铁碳合金，通常按用途分为炼钢生铁和铸造生铁两类。

炼钢生铁是指用于炼钢的生铁，一般含硅量较低（＜1.75%），含硫量较高（＜0.07%）。高炉中生产出来的生铁主要用作炼钢生铁，占生铁产量的 80%～90%，质硬而脆，断口成白色，也叫白口铁。

铸造生铁是指用于铸造各种生铁、铸铁件的生铁，一般含硅量较高（3.75%），含硫量稍低（＜0.06%）。因其断口呈灰色，所以也叫灰口铁。

3. 铁合金的分类

铁合金是含有炼钢时所需的各种合金元素的特种生铁，用作炼钢时的脱氧剂或合金元素添加剂。铁合金主要是以所含的合金元素来分，如硅铁、锰铁、铬铁、钼铁、钨铁、铌铁、钛铁、硅锰合金、稀土合金等。

4. 铸铁的分类

铸铁也是一种含碳量高于 2% 的铁碳合金，是用铸造生铁原料经重熔调配成分再浇注而成的机件，一般称为铸铁件。

铸铁分类方法较多，按断口颜色可分为灰口铸铁、白口铸铁和麻口铸铁三类；按化学成分不同，可分为普通铸铁和合金铸铁两类；按组织、性能不同，可分为普通灰口铁、孕育铸铁、可锻铸铁、球墨铸铁、蠕墨铸铁和特殊性能铸铁（耐热、耐蚀、耐磨铸铁等）。

二、钢铁中主要元素的存在形式及影响

1. 碳

碳在钢铁中有的以固溶体状态存在，有的生成碳化物（Fe_2C、Mn_3C、Cr_5C_2、WC、MoC 等）。碳是决定钢铁性能的主要元素之一。一般含碳量高，硬度增强，延性及冲击韧性降低，熔点较低。含碳量低，则硬度较弱，延性及韧性增强，熔点较高。正是由于碳的存在，才能用热处理的方法来调节和改善钢铁的机械性能。

2. 硫

硫在钢铁中主要以 FeS、MnS 状态存在，FeS 的熔点低，最后凝固，夹杂于钢铁的晶格之间，当加热压制时，FeS 熔融，钢铁的晶粒失去连接作用而碎裂。硫的存在所引起的这种"热脆性"严重影响钢铁的性能。国家标准规定碳素钢中硫含量不得超过 0.05%，优质钢中含硫量不超过 0.02%。

3. 磷

磷在钢铁中以 Fe_2P 或 Fe_3P 状态存在，磷化铁硬度较强，以致钢铁难于加工，并使钢铁产生"冷脆性"，也是有害杂质之一，应控制不得超过 0.06%。但是当钢铁中含磷量稍高时，能使流动性增强而易于铸造，并可避免在轧钢时轧辊与轧件黏合，所以在特殊情况下又常有意加入一定量的磷以达此目的。

4. 硅

硅在钢铁中主要以 FeSi、MnS、FeMnSi 等状态存在，也有时形成固溶体或非金属夹杂物，如 $2FeO \cdot SiO_2$、$2MnO \cdot SiO_2$、硅酸盐。在高碳硅钢中有一部分以 SiC 状态存在，硅增强钢的硬度、弹性及强度，并提高钢的抗氧化力及耐酸性。硅促使碳游离为石墨状态，使钢铁富于流动性，易于铸造。生铁中一般含硅 0.5%～3%，当含硅高于 2%而锰低于 2%时，则其中的碳主要以游离的石墨状态存在，熔点较高，约为 1200℃。因为含硅量较高，流动性较好，而且质软，易于车削加工，多用于铸造。如果含硅量低于 0.5%而含锰量高于 4%，则锰阻止碳以石墨状态析出而主要以碳化物状态存在，熔点较低，约为 1100℃，易于炼钢。含硅 12%～14%的铁合金称为硅铁，含硅 12%、锰 20%的铁合金称为硅锰铁，主要用作炼钢的脱氧剂。

5. 锰

锰在钢铁中主要以 MnC、MnS、FeMnSi 或固溶体状态存在。生铁中一般含锰 0.5%～6%，普通碳素钢中锰含量较低，含锰 0.8%～14%的为高锰钢，含锰 12%～20%的铁合金称为镜铁，含锰 60%～80%的铁合金称为锰铁。锰能增强钢的硬度，减弱展性。高锰钢具有良好的弹性及耐磨性，用于制造弹簧、齿轮、磨机的钢球、钢棒等。

碳、硅、锰、硫、磷是生铁及碳素钢中的主要杂质元素，俗称为"五大元素"。因为它们对钢铁的性能影响很大，是钢铁工业生产的控制指标，一般分析都要求测定它们。

子情境二　钢铁中硫的测定

一、情境描述

采用燃烧-碘酸钾滴定法测定钢铁中的硫。掌握燃烧-碘酸钾滴定法的测定原理；了解卧式炉气体容量法定硫装置的安装；熟练掌握定硫装置的操作方法；熟练运用滴定分析法进行测定。

二、测定原理

钢铁试样置于 1000～1250℃的高温下通氧气燃烧，其试样中的硫化物被氧化为二氧化硫。

主要反应
$$3MnS+5O_2 \Longrightarrow Mn_3O_4+3SO_2 \uparrow$$
$$3FeS+5O_2 \Longrightarrow Fe_3O_4+3SO_2 \uparrow$$

生成的二氧化硫被水吸收后生成亚硫酸
$$SO_2+H_2O \Longrightarrow H_2SO_3$$

在酸性条件下，以淀粉为指示剂，用碘酸钾-碘化钾标准滴定溶液滴定至蓝色不消失为终点。然后根据碘酸钾-碘化钾标准滴定溶液的浓度和消耗体积，计算出钢铁中硫的含量。
$$IO_3^-+5I^-+6H^+ \Longrightarrow 3I_2+3H_2O$$
$$I_2+SO_3^{2-}+H_2O \Longrightarrow 2I^-+SO_4^{2-}+2H^+$$

燃烧-碘酸钾滴定法适用于钢铁及合金中 0.005%以上硫的测定。

三、仪器及试剂

仪器

1. 所用仪器装置见图 5-2；

图 5-2 卧式炉燃烧法测硫装置

1—氧气瓶；2—贮气筒；3—第一道活塞；4—洗气瓶；5—干燥塔；6—温控仪；

7—卧式高温炉；8—除尘管；9—第二道活塞；10—吸收杯

2. 洗气瓶 内装浓硫酸，装入量约为洗气瓶体积的 1/3；

3. 干燥塔 上层装碱石棉，下层装无水氯化钙，中间隔玻璃棉，底部及顶端也铺以玻璃棉；

4. 管式炉 附有热电偶高温计或其他类似的燃烧装置；

5. 球形干燥管 内装干燥脱脂棉；

6. 吸收杯 低硫吸收杯或高硫吸收杯；

7. 自动滴定管 25mL；

8. 燃烧管 普通瓷管或高铝瓷管；

9. 瓷舟 根据样品量选用大、中、小等型号；

10. 长钩 紫铜质或低碳合金质，采用自动进样高温炉则不需要长钩。

试剂

1. 浓硫酸；

2. 无水氯化钙；

3. 碱石棉；

4. 淀粉吸收液 称可溶性淀粉 10g，用少量水调成糊状，然后加入 500mL 沸水，搅拌，煮沸 1min，冷却，加入 3g 碘化钾、500mL 水及 2 滴浓盐酸，搅拌均匀后，静置。使用时取 25mL 上层澄清液，加 15mL 浓盐酸，用水稀释至 1L；

5. 助熔剂 二氧化锡和还原铁粉以 3∶4 混匀；五氧化二钒和还原铁粉以 3∶1 混匀；

6. 碘酸钾标准滴定溶液 0.02000mol/L 准确称取 0.4280g（精至 0.0001g）碘酸钾基准试剂溶于水后，加 1mL100g/L 氢氧化钾溶液，移入 1000mL 容量瓶中，用水稀释至刻度，混匀。

7. 碘酸钾标准滴定溶液 0.02000mol/L。

（1）配制：准确移取 100mL 0.02000mol/L 碘酸钾标准滴定溶液，加 1g 碘化钾使其溶解，用水稀释至刻度，混匀。

（2）标定：称取与待测样品类型相同、硫含量相近的标准样品 3 份，按分析方法操作，每毫升标准滴定溶液相当于硫的含量（T）按下式计算：

$$T = \frac{w_0(\mathrm{S})m}{(V-V_0) \times 100}$$

式中　T——每毫升标准滴定溶液相当于硫的含量，g/mL；

　$w_0(\mathrm{S})$——标准样品中硫的百分含量；

　　m——标准样品的质量，g；

　　V——滴定标准样品消耗碘酸钾标准滴定溶液的体积，mL；

　　V_0——滴定空白消耗碘酸钾标准滴定溶液的体积，mL。

四、测定过程

1. 将炉温升至 1250～1300℃（普通燃烧管），用于测定生铁、碳钢及低合金钢；炉温升至 1300℃以上（高铝瓷管），用于测定中、高合金及高温合金、精密合金。

2. 淀粉吸收液的准备：硫小于 0.01％用低硫吸收杯，加入 20mL 淀粉吸收液；硫大于 0.01％用高硫吸收杯，加入 60mL 淀粉吸收液。通氧（流速为 1500～2000mL/min），用碘酸钾标准滴定溶液滴定至浅蓝色不褪，作为终点色泽，关闭氧气。

3. 检查瓷管及仪器装置是否漏气，若不漏气，则可进行实验。按分析步骤分析两个非标准试样。

4. 称取试样 1g（高、低硫适当增减），置于瓷舟底部，加入适量助熔剂，启开燃烧管进口的橡皮塞，将瓷舟放入燃烧管内，用长钩推至高温处，立即塞紧橡皮塞，预热 0.5～1.5min，随即通氧（流速为 1500～2000mL/min），燃烧后的混合气体导入吸收杯中，使淀粉吸收液蓝色消褪，立即用碘酸钾（或碘）标准滴定溶液滴定并使液面保持蓝色，当吸收液褪色缓慢时，滴定速率也相应减慢，直至吸收液的色泽与原来的终点色泽相同，间歇通氧后，色泽不变即为终点，关闭氧气，打开橡皮塞，用长钩拉出瓷舟。读取滴定管所消耗碘酸钾标准滴定溶液的体积。

五、数据处理

按下式计算硫的含量：

$$w(\mathrm{S}) = \frac{T(V-V_0)}{m} \times 100\%$$

式中　T——每毫升标准滴定溶液相当于硫的含量；

　　V——滴定试样消耗碘酸钾标准滴定溶液的体积，mL；

　　V_0——空白消耗碘酸钾标准滴定溶液的体积，mL；

　　m——样品的质量，g。

六、关键技术

1. 硫的燃烧反应一般很难进行完全，即存在一定的系统误差，所以应选择和样品同类型的标准钢铁样品标定标准滴定溶液，消除该方法的系统误差。

2. 滴定速率要控制适当，当燃烧后有大量二氧化硫进入吸收液，观察到吸收杯上方有较大的二氧化碳白烟时，表示燃烧生成的气体已到了吸收杯中，应准备滴定，防止二氧化硫逸出，造成误差。

3. 测定硫含量时，一般要进行二次通氧。即在通氧燃烧后并滴定至终点后，应停止通氧，数分钟后，再次按规定方法通氧，观察吸收杯中溶液的蓝色是否消褪，若褪色则要继续滴定至浅蓝色。

4. 试样不得沾有油污，炉管与吸收杯之间的管路不宜过长，除尘管内的粉尘应经常清扫，以减少对测定结果的影响。

5. 为便于终点的观察，可在吸收杯后安放 8W 日光灯，中间隔一透明的白纸。

子情境三　钢铁中锰的测定——高碘酸钾分光光度法

一、情境描述

采用分光光度法测定钢铁中锰。掌握高碘酸钾氧化分光光度法测定钢铁中锰含量的测定方法。掌握样品处理方法及分光光度计的使用。

二、测定原理

试样经酸溶解后，在硫酸、磷酸介质中，用高碘酸钾将锰（Ⅱ）氧化至锰（Ⅶ），在 530nm 处测定吸光度（在中性的焦磷酸钾介质中，室温条件下高碘酸钾可在瞬间将低价锰氧化到紫红色的七价锰）。

本法适用于生铁、铁粉、碳钢、合金钢和精密合金钢中锰含量的测定，测定范围 0.01%～2%。

$$5IO_4^- + 2Mn^{2+} + 3H_2O = 2MnO_4^- + 5IO_3^- + 6H^+$$

三、仪器及试剂
仪器

分光光度计　　电子分析天平　　电热板　　容量瓶

试剂

1. 磷酸-高氯酸混合酸　3+1；

2. 硝酸　$\rho = 1.4g/mL$；

3. 硫酸　1:3；

4. 高碘酸钾（25g/L 溶液）　称 5g 高碘酸钾（KIO_4），置于 250mL 烧杯中，加 60mL 水，20mL 硝酸，热溶解后，冷却，用水稀释至 100mL；

5. 锰标准贮备液（1.0000mg/mL）　称取 1.0000g 纯度不低于 99.9% 的电解锰（或二氧化锰），溶于 20mL 硝酸中，微热全溶后移入 1000mL 容量瓶中，用水稀释至标线，摇匀；

6. 锰标准使用液（100.0μg/mL）　吸取 10.00mL 锰标准贮备液于 100mL 容量瓶中，用水稀释至标线，摇匀；

7. 亚硝酸钠溶液（10g/L）　取 1g 亚硝酸钠用适量水溶解，稀释至 100mL。

四、测定过程

1. 试样的处理

准确称取试样约 1.0g（精确至 0.0001g），置于 250mL 锥形瓶中，加 15mL 硝酸，低温加热溶解，加 10mL 磷酸-高氯酸混合酸，加热蒸发至冒高氯酸烟（含铬试样需将铬氧化），稍冷，加 10mL 硫酸（1:3），用水稀释至约 40mL，加 10mL5% 的高碘酸钾溶液，加热至沸腾并保持 2～3min（防止试液溅出），冷却至室温，移入 100mL 容量瓶中，用不含还原性物质的水稀释至刻度，摇匀。

将上述显色液移入比色皿中，向剩余的显色液中边摇动边滴加 1% 的亚硝酸钠溶液至紫红刚好褪去，将此溶液移入另一比色皿中为参比，在波长 530nm 处测定其吸光度，从标准曲线上查出相应的锰含量。

2. 绘制标准曲线

准确移取锰标准使用液 1.00mL、2.00mL、3.00mL、4.00mL、5.00mL 分别置于 5 支 100mL 容量瓶中，各容量瓶中分别加入 10mL 磷酸-高氯酸混合酸，5mL 25g/L 高碘酸钾溶液，用水稀释至刻度，摇匀。在波长 530nm 处测定其吸光度。以测得的吸光度值为纵坐标，锰的质量（µg）为横坐标，绘制标准曲线。

五、数据处理

按下式计算锰的含量：

$$w(\text{Mn}) = \frac{m_1 \times 10^{-6}}{m} \times 100\%$$

式中　m_1——从标准曲线上查得锰的质量，µg；

　　　m——样品的质量，g。

六、关键技术

1. 高硅试样滴加 3～4 滴氢氟酸。

2. 生铁试样用硝酸（1∶4）溶解时滴加 3～4 滴氢氟酸，试样溶解后，取下冷却，用快速滤纸过滤于另一 150mL 锥形瓶中，用热硝酸（2∶98）洗涤原锥形瓶和滤纸 4 次，再向滤液中加 10mL 磷酸-高氯酸混合酸后，按步骤进行测定。

3. 高钨（5% 以上）试样或难溶试样，可加 15mL 磷酸-高氯酸混合酸，低温加热溶解，并加热蒸发至冒高氯酸烟。

4. 含钴试样用亚硝酸钠溶液褪色时，钴的微红色不褪，可按下述方法处理：不断摇动容量瓶，慢慢滴加 1% 的亚硝酸钠溶液，若试样微红色无变化时，将试液置于比色皿中，测其吸光度，向剩余试液中再加 1 滴 1% 的亚硝酸钠溶液，再次测其吸光度，直至两次吸光度无变化，即可以此溶液作为参比液进行测量。

子情境四　钢铁中硅的测定——硅钼蓝分光光度法

一、情境描述

采用分光光度法测定钢铁中的硅。掌握硅钼蓝分光光度法的测定原理；掌握硅钼蓝分光光度法测定硅的操作方法。

二、测定原理

试样用稀硫酸溶解，使硅转化为可溶性硅酸。加高锰酸钾溶液氧化碳化物，并用亚硝酸钠溶液还原过量的高锰酸钾。在微酸性溶液中［在 0.08～0.15mol/L 的酸度（H^+）］，硅酸与钼酸铵生成氧化型的硅钼酸盐（黄），在草酸存在下，用抗坏血酸将其还原成硅钼蓝，于波长约 810nm 处测量其吸光度。在标准曲线上查出硅含量。

本标准适用于铁、碳钢、低合金钢中 0.030%～1.00%（质量分数）测定酸溶硅含量的测定。

$$\text{FeSi} + H_2SO_4 + 4H_2O =\!=\!= FeSO_4 + H_4SiO_4 + 3H_2 \uparrow$$

$$H_4SiO_4 + 12H_2MoO_4 \Longrightarrow H_8[Si(Mo_2O_7)_6] + 10H_2O$$

$$H_8[Si(Mo_2O_7)_6] + 4FeSO_4 + 2H_2SO_4 \Longrightarrow H_8\left[Si\begin{matrix}(Mo_2O_7)_4\\\diagup\\\diagdown\\(Mo_2O_7)_2\end{matrix}\right] + 2Fe_2(SO_4)_3 + 2H_2O$$

硅钼蓝

三、仪器及试剂

仪器

分光光度计　　　　　电子分析天平　　　　　电热板　　　　　容量瓶

试剂

1. **纯铁**　硅的含量小于 0.002%（质量分数）；

2. **硫酸**　1∶17；

3. **钼酸铵溶液**（50g/L）　贮于聚丙烯瓶中；

4. **草酸溶液**（50g/L）　称取 5g 二水合草酸溶于少量水中，稀释至 100mL 并混匀；

5. **抗坏血酸**（60g/L）　称取 6g 抗坏血酸，置于 250mL 烧杯中，加 60mL 水溶解，用水稀释至 100mL，混匀；

6. **高锰酸钾溶液**　40g/L；

7. **亚硝酸钠溶液**　10g/L；

8. **硅标准溶液**

（1）硅标准溶液（200μg/mL）　准确称取 0.4279g（精确至 0.0001g）二氧化硅［大于 99.9%（质量分数）］，在 1000℃下灼烧 1h 后，置于干燥器中，冷却至室温，置于加有 3g 无水碳酸钠的铂坩埚中，上面再覆盖 1~2g 无水碳酸钠，先将铂坩埚于低温处加热，再置于 950℃高温处加热熔融至透明，继续加热熔融 3min，取出，冷却。置于盛有冷水的聚丙烯或聚四氟乙烯烧杯中至熔块完全溶解。取出坩埚，仔细洗净，冷却至室温，将溶液移入 1000mL 容量瓶中，用水稀释至刻度，混匀，贮于聚丙烯或聚四氟乙烯瓶中。

（2）硅标准溶液（200μg/mL）　准确称取 0.1000g（精确至 0.0001g）经磨细的单晶硅或多晶硅，置于聚丙烯或聚四氟乙烯烧杯中，加 10g 氢氧化钠，50mL 水，轻轻摇动，放入沸水浴中，加热至透明全溶，冷却至室温，移入 500mL 容量瓶中，用水稀释至刻度，混匀，贮于聚丙烯或聚四氟乙烯瓶中。

四、测定过程

1. 试样的处理

准确称取试样 0.1~0.4g（精确至 0.0001g），控制其硅量为 100~1000μg。将试样置于

250mL 锥形瓶中，加入 30mL 硫酸（1∶17），缓慢加热至试样完全溶解，不要煮沸并不断补充蒸发失去的水分，保持溶液体积基本不变。在沸腾状态下，滴加 40g/L 高锰酸钾溶液至析出二氧化锰水合物沉淀。再煮沸约 1min，滴加亚硝酸钠溶液至试液清亮，继续煮沸 1～2min（如有沉淀或不溶残渣，趁热用中速滤纸过滤，用热水洗涤）。冷却至室温，将溶液转移至 100mL 容量瓶中，用水稀释至刻度，混匀。

2. 显色

准确移取 10.00mL 试液两份，分别置于 100mL 容量瓶中（一份作显色溶液用，一份作参比溶液用），按以下方法处理。

显色溶液：小心加入 5.0mL 50g/L 钼酸铵溶液，混匀。于沸水浴中加热 30s，加入 10mL 50g/L 草酸溶液，混匀。待沉淀溶解后 30s 内，加 5.0mL 60g/L 抗坏血酸溶液，用水稀释至刻度，摇匀。

参比溶液：加入 10.0mL 50g/L 草酸溶液、5.0mL 50g/L 钼酸铵溶液、5.0mL 60g/L 抗坏血酸溶液，用水稀释至刻度，摇匀（注意，加试剂顺序不得颠倒）。

注：显色时，如不在沸水浴中加热，也可以在室温放置 15min 后再加草酸溶液。

3. 测量吸光度

将显色溶液移入 1cm 比色皿中，以参比溶液作参比，于分光光度计波长 810nm 处测量试液的吸光度值。从标准曲线上查出相应的硅量。

4. 绘制标准曲线

（1）称取数份与试样质量相同且其硅含量相近的纯铁，置于数个 250mL 锥形瓶中，准确移取 0.00mL、0.50mL、1.00mL、2.00mL、3.00mL、4.00mL、5.00mL 硅标准溶液，分别置于前述数个锥形瓶中，加入 30mL 硫酸（1∶17），缓慢加热至试样完全溶解，不要煮沸并不断补充蒸发失去的水分，保持溶液体积基本不变。在沸腾状态下，滴加 40g/L 高锰酸钾溶液至析出二氧化锰水合物沉淀。再煮沸约 1min，滴加亚硝酸钠溶液至试液清亮，继续煮沸 1～2min（如有沉淀或不溶残渣，趁热用中速滤纸过滤，用热水洗涤）。冷却至室温，将溶液转移至 100mL 容量瓶中，用水稀释至刻度，混匀。

（2）显色 准确移取 10.00mL 上述各溶液，分别置于七支 100mL 容量瓶中，分别加入 5.0mL 50g/L 钼酸铵溶液，混匀。于沸水浴中加热 30s，加入 10mL 50g/L 草酸溶液，混匀。待沉淀溶解后 30s 内，加 5.0mL 60g/L 抗坏血酸溶液，用水稀释至刻度，摇匀。以参比溶液作参比，在 1cm 比色皿中，波长 810nm 处测量各溶液的吸光度值。以硅标准溶液中硅量和纯铁中硅质量（μg）之和为横坐标，测得的吸光度值为纵坐标，绘制标准曲线。

五、数据处理

按下式计算硅的含量：

$$w(\text{Si}) = \frac{m_1 V \times 10^{-6}}{m V_1} \times 100\%$$

式中　V_1——分取试液的体积，mL；

　　　V——试液总体积，mL；

　　　m_1——从标准曲线上查得的硅量，μg；

　　　m——试样质量，g。

六、关键技术

1. 溶样时应小火慢慢加热，温度不能过高，但加热时间也不能过长，并需适当吹入水，以防止温度过高，酸度过大，使部分硅酸聚合。试样溶完冷却后立即稀释，必须确保全部硅呈单分子硅酸存在。

2. 加入高锰酸钾分解碳化物后，过量的高锰酸钾必须用亚硝酸钠除去，再煮沸分解过剩的亚硝酸钠，驱除氮的氧化物，以免影响显色反应。

3. 显色时，如不在沸水浴中加热，也可以在室温放置 15min 后再加草酸溶液。温度影响生成硅钼杂多酸的反应速率，20℃以下需要反应 10min，30℃左右需要 2min，而在 100℃左右只需要 30s 即可反应完全，因此提高温度能加快反应的速率。

4. 显色时，酸度是生成硅钼黄或硅钼蓝及排除杂质干扰的重要条件，必须严格控制。进行硅钼黄反应时酸度为 0.15mol/L。若酸度过高则不能发生反应；过低，又因为生成大量钼酸铁，硅钼杂多酸反应不完全。在酸度为 0.15mol/L 左右时，磷或砷也可能生成类似化合物——磷钼或砷钼杂多酸。但是，由于硅钼杂多酸一旦在弱酸性溶液中生成后，即或酸度增高至 2mol/L 左右仍然稳定。而磷钼及砷钼杂多酸却被分解破坏。

5. 草酸除迅速破坏磷（砷）钼酸外，亦能逐渐分解硅钼酸，故加入草酸后，应于 1min 内加硫酸亚铁铵，否则结果偏低。快速分析时，亦可将草酸、硫酸亚铁铵在临用前等体积混合，一次加入。草酸还能降低铁电对的电位，提高亚铁离子的还原能力。

6. 虽然三价铁离子与草酸生成配合物能消除其黄色，但配合物本身也呈现淡淡的黄色，所以必须做试剂空白试验，并以此作为参比溶液。

7. 空白溶液：准确移取样品溶液 10.00mL，加入 10.0mL 50g/L 草酸溶液、5.0mL 50g/L 钼酸铵溶液、5.0mL 60g/L 抗坏血酸溶液，用水稀释至刻度，摇匀（注意：加试剂顺序不得颠倒）。

子情境五　钢铁中磷的测定——磷钼蓝分光光度法

一、情境描述

采用分光光度法测定钢铁中的磷。掌握磷钼蓝分光光度法的测定原理；熟练掌握磷蓝分光光度法测定磷的操作方法。

二、测定原理

试样经酸溶解后，在适当酸度 [在 0.6mol/L 的酸度（H^+）] 和钼酸铵存在下，于高温形成磷钼酸并用氟化钠-二氯化锡混合溶液还原为磷钼蓝，在 660nm 处测定吸光度，根据吸光度值和标准曲线查出相应磷的含量。

本法适用于含磷 0.12% 以下的钢铁。

试样用酸溶解，在过硫酸铵氧化剂作用下生成正磷酸：

$$3Fe_3P+41HNO_3 = 9Fe(NO_3)_3+3H_3PO_4+14NO\uparrow+16H_2O$$

在一定温度和酸度下，钼酸铵与磷酸反应生成黄色磷钼杂多酸——磷钼黄：

$$H_3PO_4+12H_2MoO_4 = H_3[P(Mo_3O_{10})_4]+12H_2O$$

磷钼黄在还原剂（如氯化亚锡、抗坏血酸等）作用下生成磷钼蓝：

$$H_3[P(Mo_3O_{10})_4]+8H^++4Sn^{2+} = (2MoO_2\cdot4MoO_3)_2\cdot H_3PO_4+4Sn^{4+}+4H_2O$$
$$\text{磷钼蓝}$$

三、仪器及试剂

仪器

分光光度计　　　　　电子分析天平　　　　　电热板　　　　　容量瓶

试剂

1. 混合酸　每升溶液中含硫酸 50mL，硝酸 8mL；
2. 过硫酸铵溶液：30%；
3. 硫酸溶液　1∶1；
4. 亚硫酸钠溶液　100g/L；
5. 氟化钠溶液　25g/L；
6. 钼酸铵-酒石酸钾钠溶液　每升溶液中含钼酸铵、酒石酸钾钠各 90g；
7. 二氯化锡溶液　200g/L；
8. 氟化钠-二氯化锡混合溶液　每 100mL 氟化钠溶液中加 1mL 二氯化锡；
9. 磷标准贮备溶液（100μg/mL）　称取 0.393g 磷酸二氢钾（于 105℃烘干至恒重），用适量水溶解，加入 10mL 浓硝酸，移入 1000mL 容量瓶，用水稀释至刻度，摇匀；
10. 磷标准使用溶液（2μg/mL）　准确移取磷标准贮备溶液 2.00mL 置于 100mL 容量瓶，加水稀释至刻度，摇匀。

四、测定过程

1. 试样的处理

准确称取试样 0.5g，置于 250mL 锥形瓶中，加 85mL 混合酸、4mL 过硫酸铵溶液，加热溶解，再加过硫酸铵溶液 4mL，煮沸约 2min（此时应有二氧化锰析出），加 2mL 亚硫酸钠溶液，煮沸还原二氧化锰并分解过量的过硫酸铵，冷却，移入 100mL 容量瓶中，用水稀释至刻度，摇匀（此溶液可供测定其他元素）。

准确移取试液 20.00mL 置于 100mL 容量瓶中，用吸量管依次加入 1mL 硫酸（1∶1），1mL 亚硫酸钠溶液，煮沸，取下立即加 5mL 钼酸铵-酒石酸钾钠，20mL 氟化钠-二氯化锡溶液，放置 3～6min，然后于水浴中冷却至室温，定容，摇匀，在波长 660nm 处测定吸光度值。通过标准曲线查出相应磷的含量。

2. 标准曲线的绘制

准确移取磷标准使用溶液 0.00mL、1.00mL、2.00mL、3.00mL、4.00mL、5.00mL 分别置于 100mL 容量瓶中，在各容量瓶中分别加入 1mL 硫酸（1∶1），1mL 亚硫酸钠溶液，煮沸，取下立即加钼酸铵-酒石酸钾钠 5mL，氟化钠-二氯化锡溶液 2mL，放置 3～6min，然后于水浴中冷却至室温，定容，摇匀，在波长 660nm 处测定吸光度值。以磷的质量（μg）为横坐标，测得的吸光度值为纵坐标，绘制标准曲线。

五、数据处理

试样中磷的含量按下式计算：

$$w(P) = \frac{m_1 V \times 10^{-6}}{m V_1} \times 100\%$$

式中　V_1——分取试液的体积，mL；

　　　V——试液总体积，mL；

　　　m_1——从标准曲线上查得的磷量，μg；

　　　m——试样质量，g。

六、关键技术

1. 酸度是进行磷钼蓝反应的重要条件。对酸度的要求是，磷钼黄反应必须完全，而不能发生硅钼黄反应；还原剂只还原磷钼杂多酸中的钼原子，而不还原未反应的钼酸盐。为加快显色速度，以及避免硅酸盐干扰，显色时试样的酸度（H^+）应维持在 0.6mol/L。

2. 水样混浊时应过滤后测定，磷酸盐的含量不在 2～50mg/L 内时，应适当增加或减少试样量。

3. 温度也影响磷钼蓝反应。反应温度一般为 90～100℃，只是反应时间不同。酸度较高时反应时间较短；酸度较低时，反应时间较长。一般为 3～4min。反应完成后，必须及时冷却，否则，在较高温度下，时间过长，磷钼蓝可能部分分解。

检验报告单

项目名称：_____

任务名称：_____

根据中华人民共和国_____（国家技术标准）

检验参数	指　标	检验结果
钢铁中总碳的测定		
钢铁中硫的测定		
钢铁中锰的测定——高碘酸钾分光光度法		
钢铁中硅的测定——硅钼蓝分光光度法		
钢铁中磷的测定——磷钼蓝分光光度法		

结论		报告人(签字)	
		报告人(签字)	
		审核人(签字)	
		班长(签字)	

情境六

气 体 分 析

子情境一 大气中二氧化硫的测定

一、情境描述

采用分光光度法测定大气中的二氧化硫。掌握二氧化硫的吸收方法；掌握可见-紫外分光光度计的使用；掌握绘制标准曲线。

二、测定原理

空气中的二氧化硫被甲醛溶液吸收后，生成稳定的羟基甲基磺酸，加碱后，与盐酸副玫瑰苯胺（简称 PRA）作用，生成紫红色化合物。在波长 570nm 处测吸光度。根据吸光度值在标准曲线上查出相应二氧化硫含量。本法检出下限为 $0.03\mu g/mL$（按与吸光度 0.01 相对应的浓度计）。

三、仪器及试剂

仪器

分光光度计　　　　　　大气采样器　　　　　滴定分析装置　　　　　吸收瓶

试剂

1. 吸收贮备液　称取 2.04g 邻苯二甲酸氢钾和 0.364g EDTA 溶于水中，移入 1L 容量瓶中，再加入 5.30mL 37％甲醛溶液，用水稀释至刻度。贮于冰箱，可保存一年；

2. 吸收使用液　临用时，将上述吸收贮备液用水稀释 10 倍；

3. 氢氧化钠溶液（2mol/L）　称取 8.0g 氢氧化钠溶于 100mL 水中；

4. 氨磺酸钠溶液（3g/L）　称取 0.3g 氨磺酸，加入 3.0mL 2mol/L 氢氧化钠溶液，用水稀释至 100mL；

5. 盐酸（1mol/L）　量取浓盐酸 86mL 用水稀释至 1000mL；

6. PRA 贮备液（2.5g/L）　称取 0.125g PRA，用 1mol/L 盐酸溶解并稀释至 50mL；

7. PRA 使用液（0.25g/L）　吸取 2.5g/L PRA 贮备液 25mL，移入 250mL 容量瓶中，用 4.5mol/L 磷酸溶液稀释至刻度，放置 24h 后使用。此溶液避光密封保存，可使用 9 个月；

8. 磷酸溶液 （4.5mol/L）　量取浓磷酸 307mL，用水稀释至 1000mL；

9. 二氧化硫标准贮备液：25μg/mL。

（1）二氧化硫标准贮备液的配制　称取 0.2g 亚硫酸钠及 0.01g EDTA 溶于 250mL 新煮沸并冷却的水中。溶液需放置 2～3h 后标定其准确浓度。按标定计算的结果，用吸收液稀释成 25μg/mL 二氧化硫的标准贮备液，于冰箱贮存可保存三个月。

（2）二氧化硫标准贮备液的标定　吸取 20.00mL 二氧化硫标准贮备溶液，置于 250mL 碘量瓶中，加入 50mL 新煮沸并冷却的水、20.00mL 0.1mol/L 碘溶液及 1mL 冰醋酸，盖塞，摇匀。于暗处放置 5min 后，用 0.1000mol/L 硫代硫酸钠标准滴定溶液滴定至浅黄色，加入 2mL 5g/L 淀粉溶液，继续滴定至蓝色刚好褪去为终点。记录滴定所用硫代硫酸钠的体积，平行 3 次；取 20.00mL EDTA 的空白溶液，用同法进行空白实验。记录空白滴定硫代硫酸钠溶液的体积。

（3）二氧化硫标准贮备液浓度的计算：

$$SO_2 (\mu g/mL) = \frac{c(V_0 - V_1)M_{SO_2} \times 10^3}{2V_{样}}$$

式中　V_0——空白试验消耗硫代硫酸钠标准滴定溶液的体积，mL；

V_1——滴定消耗硫代硫酸钠标准滴定溶液的体积，mL；

c——硫代硫酸钠标准滴定溶液的浓度，mol/L；

M_{SO_2}——二氧化硫的摩尔质量，g/mol；

$V_{样}$——标定二氧化硫时移取二氧化硫标准贮备溶液的体积，mL。

10. 二氧化硫标准使用液 （5μg/mL）　准确移取 20.00mL 二氧化硫标准贮备液置于 100mL 容量瓶中，用吸收液将稀释至刻度，摇匀，贮于冰箱可保存一个月。25℃ 以下室温条件可保存 3 天。

四、测定过程

1. 采样

用一只内装有 8mL 吸收液的棕色吸收管安装于气体采样器上，以 0.5L/min 流量，采样 30～60min。并记录大气的温度和压力。将吸收管中的吸收液移入 100mL 容量瓶，用吸收液分两次洗涤吸收管，合并洗液于容量瓶中。加入 4.0mL 3g/L 氨磺酸钠溶液、2.0mL 2.0mol/L 氢氧化钠溶液和 5mL 水，充分混匀后，再加入 10mL 0.25g/L PRA 溶液快速射入混合液，用吸收液稀释至刻度，立即盖塞颠倒混匀，放置 5～20min 显色。

2. 绘制标准曲线

准确移取二氧化硫标准使用液 0.00mL、0.20mL、1.00mL、2.00mL、3.00mL、4.00mL，分别置于 6 支 100mL 容量瓶中，向各容量瓶分别加入 4.0mL 3g/L 氨磺酸钠溶液、2.0mL 2.0mol/L 氢氧化钠溶液和 5mL 水，充分混匀后，再加入 10mL 0.25g/L PRA 溶液快速射入混合液，用吸收液稀释至刻度，立即盖塞颠倒混匀，放置 5～20min 显色。于波长 570nm 处，测定吸光度。以吸光度值为纵坐标，二氧化硫含量（μg）为横坐标，绘制标准曲线。

3. 样品的测定

准确移取试液 10.00mL 置于 100mL 容量瓶中，加水稀释至刻度，摇匀，在波长 570nm 处，测定吸光度。

五、数据处理

大气中二氧化硫的含量按下式计算：

$$SO_2 \, (mg/m^3) = \frac{760 \times (273+t)m \times \frac{100}{10} \times 10^3}{273VP}$$

式中　m——从标准曲线上查出样品中二氧化硫的质量，μg；

$\quad\quad P$——采样时的大气压力，mmHg（1mmHg＝133.322Pa）；

$\quad\quad V$——大气样品的体积，mL；

$\quad\quad t$——采样时的大气温度，℃。

六、关键技术

1. 氮氧化物、臭氧、重金属有干扰。加入氨基磺酸铵可消除氮氧化物的干扰。

$$2HNO_2 + NH_2SO_2ONH_4 \Longrightarrow H_2SO_4 + 3H_2O + 2N_2\uparrow$$

臭氧在采样后放置20min即可自行分解而消失。重金属离子的干扰，在配制吸收剂时，加入EDTA作掩蔽剂以消除干扰，用磷酸代替盐酸配制副玫瑰苯胺溶液，有利于掩蔽重金属离子的干扰。

2. 温度对显色反应和稳定时间影响较大，最好控制显色反应的温度为25～30℃，在30min后测定，在60min内完成测定。

3. 甲醛用量应严格控制，当甲醛浓度过高时，能使空白显色。

4. 三乙醇胺-叠氮化钠吸收液：称取14.3g 85％的三乙醇胺，加1mg叠氮化钠溶于蒸馏水中并稀释至100mL，与二氧化硫反应如下：

$$N(CH_2CH_2OH)_3 + SO_2 \Longrightarrow \begin{bmatrix} OH_2CH_2C & & O \\ OH_2CH_2C{-}N{=}S & \\ OH_2CH_2C & & O \end{bmatrix}^{2-} + 2H^+$$

5. 盐酸的浓度　对显色反应的影响浓度过大，显色不完全；过小，盐酸副玫瑰苯胺本身呈色，所以在制备盐酸副玫瑰苯胺溶液时，必须经过调节试验，严格控制盐酸用量。

必备知识

气体试样的采取

一、采样设备

采样设备主要由采样器和样品容器组成，有时还带有样品的预处理装置、调节压力和流量的装置、吸气器和抽气泵等。由于气体所处状态不同，所用的采样器也就不同。采样设备见图6-1。

二、采样方法

1. 常压气体的采样

气体压力近于或等于大气压的气体称为常压气体。

（1）用采样瓶取样　将封闭液瓶提高，打开止水夹和气样瓶上的活塞，让封闭液流入气样瓶并充满，同时使活塞与大气相通，此时气样瓶中的空气被全部排出。夹紧止水夹，关闭活塞，将橡胶管与气体物料管相接。将另一瓶置于低处，打开止水夹和活塞，气体物料进入瓶中，至所需量时，关闭活塞，夹紧止水夹，取样结束。

 采样瓶	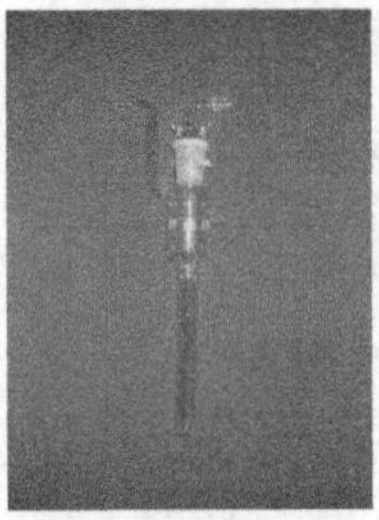 采样管	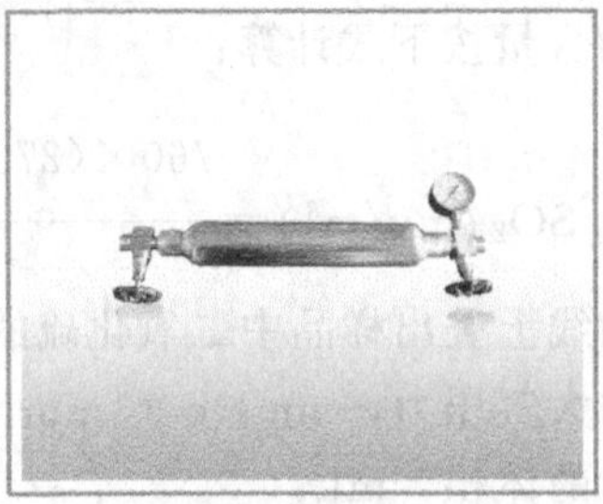 负压采样容器	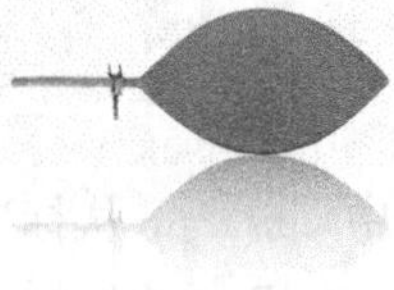 球胆、气袋和吸气瓶
适用于常压状态气体物料采样	适用于常压和低负压状态气体物料采样。取样管的一端与水准瓶(内有封闭液)相连	适用于超低负压状态气体物料采样。此容器采用特殊材质制成，容积0.5～3L不等，瓶上装有活塞	适用于正压状态气体物料采样

图 6-1　采样设备

（2）用采样管取样　当取样管两端旋塞打开时，将水准瓶提高，使封闭液充满至取样管的上旋塞，此时将取样管上端与取样点上的金属管相连，然后放低水准瓶，打开旋塞，气体试样却进入取样管，关闭旋塞，将取样管与取样点上的金属管分开，提高水准瓶，打开旋塞将气体排出（如此反复 3～4 次），最后吸入气体，关闭旋塞，取样结束。

（3）用流水抽气泵取样　取样管上端与抽气泵相连，下端与取样点上的金属管相连。将气体试样抽入即可。

2. 正压气体的采样

气体压力大大高于大气压的气体称为正压气体。采样时只需放开取样点上的活塞，气体便自动流入气体取样器中。取样时必须用气体试样置换球胆内的空气 3～4 次。

3. 负压气体的采样

（1）低负压气体的采样　气体压力小于大气压的气体称为低负压气体。可用抽气泵减压法采样，当采气量不大时，常用流水真空泵和采气管采样。

（2）超低负压气体的采样　气体压力远远小于大气压的气体称为超低负压气体。用负压采样容器采样。取样前用泵抽出瓶内空气，使压力降至 8～13kPa，然后关闭活塞，称出质量，再将试样瓶上的管头与取样点上的金属管相连，打开活塞取样，最后关闭活塞称出质量，前后两次质量之差即为试样质量。

拓展知识

一、工业气体分类

工业气体种类很多，根据它们在工业上的用途大致可分为以下几种。

1. 气体燃料

（1）天然气　煤与石油分解的产物，存在于含煤或石油的地层中。主要成分是甲烷。

（2）焦炉煤气　煤在 800℃以上炼焦的副产物。主要成分是氢气和甲烷。

（3）石油气　石油裂解的产物。主要成分是甲烷、烯烃及其他碳氢化合物。

（4）水煤气　由水蒸气作用于赤热的煤而生成。主要成分是一氧化碳和氢气。

2. 化工原料气体

除天然气、焦炉煤气、石油气、水煤气等均可作为化工原料气外，还有其他几种。

（1）黄铁矿焙烧炉气　主要成分是二氧化硫，用于合成硫酸。

$$4FeS + 7O_2 === 2Fe_2O_3 + 4SO_2\uparrow$$

（2）石灰焙烧窑气　主要成分是二氧化碳，用于制碱工业。

$$CaCO_3 === CaO + CO_2\uparrow$$

3. 气体产品

工业气体产品种类很多，如氢气、氮气、氧气、乙炔气和氨气等。

4. 废气

各种工业用的烟道气，即燃料燃烧后的产物，主要成分为 N_2、O_2、CO、CO_2、水蒸气及少量的其他气体。在化工生产中排放出来的大量尾气，情况各不相同，组成较为复杂。

5. 厂房空气

工业厂房内的空气，一般含有生产用的气体。这些气体中有些对身体有害；有些能够引起燃烧爆炸。工业厂房空气在分析上是指厂房空气中这类有害气体。

二、工业气体分析的方法

工业气体分析方法根据测定原理可分为：化学分析法、物理分析法、物理化学分析法。

1. 化学分析法：是根据气体的某一化学特性进行测定的，如吸收法、燃烧法。

2. 物理分析法：根据气体的物理特性，如密度、热导率、折射率、热值等进行测定的。

3. 物理化学分析方法：是根据气体的物理化学特性来进行测定的，如电导法、色谱法和红外光谱法等。

当气体混合物中各个组分的含量为常量时，一般采用体积分数来表示；气体混合物中各组分的含量是微量时，一般采用每升（或每立方米）中所含的质量（mg）或体积（mL）来表示；气体中被测物质是固体或液体（各种灰尘、烟、各种金属粉末），这些杂质浓度一般用质量单位来表示比较方便。

子情境二　大气中二氧化氮的测定

一、情境描述

采用分光光度法测定二氧化氮。掌握测定二氧化氮的方法；熟练使用可见-紫外分光光度计；掌握标准曲线的绘制。

二、测定原理

大气中微量的二氧化氮溶于水生成硝酸和亚硝酸。在 pH<3 的乙酸酸性溶液中，亚硝酸和对氨基苯磺酸进行重氮化反应，生成重氮盐。重氮盐再与 N-(1-萘基) 乙二胺盐酸盐偶合，生成紫红色偶氮染料，测定其吸光度值，在标准曲线上查出试样中二氧化氮的质量。该方法的实质是"格里斯反应"。

二氧化氮溶于水，生成硝酸和亚硝酸：

$$2NO_2 + H_2O === HNO_3 + HNO_2$$

在 pH<3 的乙酸酸性溶液中，亚硝酸和对氨基苯磺酸进行重氮化反应，生成重氮盐：

$$HSO_3-\!\!\!\!\bigcirc\!\!\!\!-NH_2 + HNO_2 + CH_3COOH \longrightarrow HSO_3-\!\!\!\!\bigcirc\!\!\!\!-N\!\!=\!\!\overset{N}{N}\!\!-OOCCH_3 + 2H_2O$$

重氮盐与 N-(1-萘基) 乙二胺盐酸偶合，生成紫红色偶氮染料：

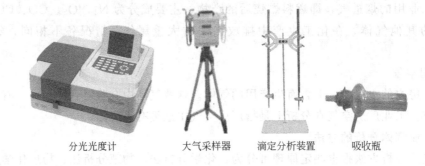

三、仪器及试剂

仪器

分光光度计　　大气采样器　　滴定分析装置　　吸收瓶

试剂

1. 吸收液（格里斯试剂）　称取 5g 对氨基苯磺酸溶解于 200mL 水及 140mL 冰醋酸的混合溶液中（如果溶解困难，可以微热，待冷却后），加 20mL 1g/L 的 N-(1-萘基) 乙二胺盐酸盐溶液，稀释至 1L。贮于棕色瓶内，置于冰箱中保存。此试剂最好使用前配制。若溶液出现淡红色表示已被污染，应弃去重配；

2. 对氨基苯磺酸溶液（10g/L）　称取 1g 对氨基苯磺酸溶于 100mL 1：1 的盐酸中；

3. N-(1-萘基) 乙二胺盐酸盐溶液（1g/L）　称取 0.1g N-(1-萘基) 乙二胺盐酸盐溶于 100mL 蒸馏水中；

4. 二氧化氮标准贮备液（100μg/mL）　准确称取 0.1500g 亚硝酸钠（在 105～110℃烘干 180min 的基准物）和 0.2g 氢氧化钠溶于水，转入 1000mL 容量瓶中，用水稀释至刻度，摇匀。保存在暗处，可稳定 3 个月；

5. 二氧化氮标准使用液（2.00μg/mL）　准确移取 20.00mL 二氧化氮标准贮备液于 1000mL 容量瓶中，用水稀释至刻度，摇匀。此溶液使用前配制。

四、测定过程

1. 采样

将 10mL 吸收液装入气体采样吸收管中。用大气采样器进行采样（流速为 0.5L/min）30～40min（根据大气中 NO$_2$ 浓度而定）。采样完毕后，把吸收液转入 100mL 容量瓶中，用蒸馏水洗涤吸收管 1～2 次，洗液转入容量瓶中，加水稀释至刻度，摇匀。并记录大气的温度和压力。

2. 绘制标准曲线

准确移取二氧化氮标准使用液 0.00mL、1.00mL、2.00mL、3.00mL、4.00mL、5.00mL、6.00mL、7.00mL 置于 100mL 容量瓶中。各加入 10.00mL 吸收液，加水稀释至刻度，摇匀。静置 45min，在波长 530nm 处测定吸光度值。以二氧化氮质量（μg）为横坐标，以吸光度为纵坐标，绘制标准曲线。

3. 样品的测定

准确移取 10.00mL 试液置于 100mL 容量瓶中，加入 10.00mL 吸收液，加水稀释至刻度，摇匀。静置 45min，在波长 530nm 处测定吸光度值。

五、数据处理

大气中二氧化氮的含量按下式计算：

$$NO_2 \, (mg/m^3) = \frac{760 \times (273+t) \, m \times \frac{100}{10} \times 10^3}{273VP}$$

式中　m——从标准曲线上查出样品中二氧化氮的质量，μg；

$\quad\quad P$——采样时的大气压力，mmHg；

$\quad\quad V$——大气样品的体积，mL；

$\quad\quad t$——采样时的大气温度，℃。

六、关键技术

1. 吸收液的浓度不能过大，否则 NO_2 与 NH_3 与反应，使结果偏低。

$$2NO_3 + 2NH_3 \Longrightarrow NH_4NO_3 + N_2 + H_2O$$

2. 重氮盐易分解，反应时避免光照和温度过高。

3. 重氮化和偶合反应都是分子反应，较为缓慢，偶氮染料又不够稳定。显色后，在 1h 内必须完成测定。

子情境三　半水煤气的测定——化学分析法

一、情境描述

半水煤气是由 CO_2、CO、O_2、CH_4、H_2、N_2 等组成，采用改良奥氏气体分析仪测定半水煤气。其中 CO_2、CO、O_2 可用吸收法测定；CH_4、H_2 可用燃烧法测定；剩余气体为 N_2。掌握气体分析仪的安装、使用；掌握各个气体分析方法和含量的计算。

二、测定原理

吸收法是利用气体的化学性质，使气体混合物和特定的吸收剂接触。吸收剂与混合气体中待测组分定量地发生化学吸收，而与其他组分不发生任何作用。若吸收前、后的温度及压力保持一致时，则吸收前、后的气体体积之差即为待测气体的体积。

燃烧法是有些气体没有很好的吸收剂却具有可燃性，如氢气和甲烷。不能用吸收法测定，可用燃烧法测定。当可燃性气体燃烧时，其体积发生缩减，并消耗一定体积的氧气，产生一定体积的二氧化碳。它们都与原来的可燃性气体体积有一定的比例关系，根据它们之间的定量关系，分别计算出各种可燃性气体组分的含量。

三、仪器及试剂

仪器

改良奥氏气体分析仪如图 6-2 所示。

试剂

1. 氢氧化钾溶液　33%：称取 1 份质量的氢氧化钾，溶解于 2 份质量的蒸馏水中；

2. 焦性没食子酸碱性溶液　称取 5g 焦性没食子酸溶解于 15g 水中，另称取 48g 氢氧化钾溶于 32mL 水中，使用前将两种溶液混合，摇匀，装入吸收瓶中；

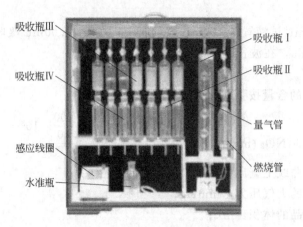

图 6-2　改良奥氏气体分析仪

3. **氯化亚铜氨性溶液**　称取 250g 氯化铵溶于 750mL 水中，再加入 200g 氯化亚铜，把此溶液装入试剂瓶，放入一定量的铜丝，用橡皮塞塞紧，溶液应无色。在使用前加入密度为 0.9g/mL 的氨水，其量是两体积的氨水与一体积的亚铜盐混合；

4. **封闭液**　10%的硫酸溶液，加入数滴甲基橙。

四、测定过程

1. **准备工作**

首先将洗涤洁净并干燥好的气体分析仪各部件用橡皮管连接安装好。所有旋转活塞都必须涂抹润滑剂，使其转动灵活。

(1) 根据拟好的分析顺序（吸收法：$CO_2 \rightarrow O_2 \rightarrow CO$；燃烧法测定 CH_4、H_2），将各吸收剂分别由吸收瓶的承受部分注入吸收瓶中。进行煤气分析时，吸收瓶 I 中注入 33%的 KOH 溶液；吸收瓶 II 中注入焦性没食子酸碱性溶液；吸收瓶 III、IV 中注入亚铜氨溶液。在吸收液上部可倒入 5～8mL 液体石蜡。水准瓶中注入封闭液。

(2) 检验仪器气密性　先排出量气管中的废气。将三通活塞旋至量气管与大气相通，提高水准瓶，使量气管液面升至量气管的顶端标线为止。然后排除吸收瓶中的废气。将三通活塞旋至与空气隔绝，打开吸收瓶 I 的活塞，同时放低水准瓶，至使吸收瓶中的吸收液液面上升至标线，关闭活塞。依次同样使吸收瓶 II、III、IV 及爆炸球等液面均升至标线。再将三通活塞旋至与量气管相通，提高水准瓶，将量气管内的气体排出，并使液面升至标线，然后将三通活塞旋至与外界隔绝，将水准瓶放在底板上，如量气管内液面开始稍微移动后即保持不变，并且各吸收瓶及爆炸球等的液面也保持不变，表示仪器已不漏气。如果液面下降，则有漏气之处（一般常在橡皮管连接处或者活塞），应检查出，并重新处理。

2. **测定**

(1) 取样　各吸收瓶及爆炸球等的液面应在标线上。气体导入管与取好试样的球胆相连。旋转三通活塞使之与量气管相通，打开球胆上的夹子放低水准瓶，当气体试样吸入量气管少许后，旋转三通活塞使之与外界相通，升高水准瓶将气体试样排出，如此操作（洗涤）2～3 次后，再旋转三通活塞使之与量气管相通，放低水准瓶，将气体试样吸入量气管中。当液面下降至刻度"0"以下少许，旋转三通活塞使之与外界相通，小心升高水准瓶使多余的气体试样排出（此操作应小心，快速，准确，以免空气进入）。而使量气管中的液面至刻度为"0"处（两液面应在同一水平面上）。最后将三通活塞旋至与量气管相通，这样，采取气体试样完毕。即采取气体试样为 100.00mL。

（2）吸收　打开 KOH 吸收瓶 I 上的活塞，升高水准瓶，将气体试样压入吸收瓶 I 中，直至量气管内的液面快到标线为止。然后放低水准瓶，将气体试样抽回，如此往返 3～4 次，最后一次将气体试样自吸收瓶中全部抽回，当吸收瓶 I 内的液面升至顶端标线，关闭吸收瓶 I 上的活塞，将水准瓶移近量气管，两液面对齐，等 30s 后，读出气体体积（V_1），吸收前后体积之差（$V-V_1$）即为气体试样中所含 CO_2 的体积。在读取体积后，应检查吸收是否完全，为此再重复上述操作手续一次，如果体积相差不大于 0.10mL，认为已吸收完全。

按同样的操作方法依次吸收 O_2、CO 等气体。继续作燃烧法测定，则打开吸收瓶 II 上的活塞，将剩余气体全部压入吸收瓶 II 中贮存，关上活塞。

（3）爆炸燃烧　先升高连接爆炸球的水准瓶，并打开活塞，旋转三通活塞，使爆炸球内残气排出，并使爆炸球内的液面升至球顶端的标线处，关闭活塞，升高水准瓶，使量气管内的气体全部排出，放低水准瓶引入空气冲洗梳型管，再升高水准瓶将空气排出，如此用空气冲洗 2～3 次，最后引入 80.00mL 空气，旋转三通活塞使之与吸收瓶 II 相通，打开吸收瓶 II 上活塞，放低水准瓶（注意空气不能进入吸收瓶 II 内），量取约 10.00mL 剩余气体，关闭活塞，准确读数，此体积为进行燃烧时气体的总体积。打开爆炸球上的活塞，将混合气体压入爆炸球内，并来回抽压 2 次，使之充分混匀，最后将全部气体压入爆炸球内。关闭爆炸球上的活塞，将爆炸球的水准瓶放在桌上（切记！爆炸球下的活塞是开着的！）。按上感应圈开关，再慢慢转动感应圈上的旋钮，则爆炸球的两铂丝间有火花产生，使混合气体爆燃，燃烧完后，把剩余气体（燃烧后的剩余气体）压回量气管中，量取气体体积。前后体积之差为燃烧缩减的体积（$V_缩$）。再将气体压入 KOH 吸收瓶 I 中，吸收生成 CO_2 的体积（$V_{CO_2}^生$）。每次测量体积时记下温度与压力，需要时，可以在计算中用以进行校正。实验完毕。做好清理工作。

五、数据处理

如果在分析过程中，气体的温度和压力有所变动，则应将测得的全部气体体积换算成原来试样的温度和压力下的体积。但在通常情况下，一般温度和压力是不会改变（在室温，常压下）的，故可省去换算工作。直接用各个测得的结果（体积）来计算出百分含量。

1. 吸收部分

$$w(CO_2)=\frac{V_{CO_2}}{V_样}\times 100\%$$

式中　$V_样$——采取试样的体积，mL；

　　　V_{CO_2}——试样中含 CO_2 的体积（用 KOH 溶液吸收前后气体体积之差），mL。

$$w(O_2)=\frac{V_{O_2}}{V_样}\times 100\%$$

式中　V_{O_2}——试样中含 O_2 的体积，mL。

$$w(CO)=\frac{V_{CO}}{V_样}\times 100\%$$

式中　V_{CO}——试样中含 CO 的体积，mL。

2. 燃烧部分

$$w(CH_4)=\frac{V_{CH_4}}{V_样}\times 100\%=\frac{V_{CO_2}^生}{V_样}\times\frac{V_余}{V_取}\times 100\%$$

式中　$V_余$——吸收 CO_2、O_2、CO 后剩余气体的体积，mL；

　　　$V_取$——从剩余气体中取出一部分进行燃烧的气体体积，mL；

$V_{CO_2}^{生}$——燃烧时甲烷生成的 CO_2 体积，mL；

V_{CH_4}——量取进行燃烧气体中所含 CH_4 的体积，mL。

$$w(H_2) = \frac{V_{H_2}}{V_{样}} \times \frac{V_{余}}{V_{取}} \times 100\% = \frac{2}{3} \times \frac{(V_{缩} - 2V_{CO_2}^{生})}{V_{样}} \times \frac{V_{余}}{V_{取}} \times 100\%$$

式中　$V_{缩}$——气体燃烧后缩减的总体积，mL；

V_{H_2}——量取进行燃烧气体中所含有 H_2 的体积，mL；

$V_{余}$——样品用吸收测定后，剩余气体的体积，mL；

$V_{取}$——进行燃烧测定时，从剩余气体中取出气体的体积，mL；

$V_{CO_2}^{生}$——CH_4 燃烧生成二氧化碳的体积，mL。

六、关键技术

1. 必须严格遵守分析程序，各种气体的吸收顺序不得更改。

2. 读取体积时，必须保持两液面在同一水平面上。

3. 在进行吸收操作时，应始终观察上升液面，以免吸收液、封闭液冲到梳形管中。水准瓶应匀速上、下移动，不得过快。

4. 仪器各部件均为玻璃制品，转动活塞时不得用力过猛。

5. 如果在工作中吸收液进入活塞或梳型管中，则可用封闭液清洗，如果封闭液变色，则应更换。新换的封闭液，应用分析气体饱和。

6. 如果仪器短期不使用，应经常转动碱吸收瓶的活塞，以免粘住，如果长期不使用应清洗干净，干燥保存。

子情境四　半水煤气的测定——气相色谱法

一、情境描述

采用气相色谱法测定半水煤气。掌握气相色谱仪的组成、功能和使用；掌握用外标法计算被测组分的含量。

二、测定原理

半水煤气是合成氨的原料气，它的主要成分是 H_2、CO_2、CO、N_2、CH_4 等，在常温下 CO_2 在分子筛柱上不出峰，所以，用一根色谱柱难以对半水煤气进行全分析。以氢气为载气，利用 GD-104 和 13X 分子筛双柱串联热导池检测器，一次进样，用外标法测得 CO_2、CO、N_2、CH_4 等的含量，H_2 的含量用差减法计算。

三、仪器及试剂

　　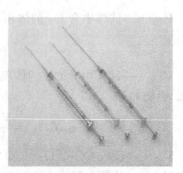

气相色谱仪　　　　　　　氢气钢瓶　　　　　　微量注射器

四、测定过程

1. 仪器启动

(1) 检查气密性　慢慢打开钢瓶总阀，减压阀及针阀，将柱前载气压力调到$1.5kg/cm^2$（表压）放空口应有气体流出（通室外）。用皂液检查接头是否漏气，如果漏气应及时处理。

(2) 调节载气流速　用针型阀调节载气流速为$60mL/min$。

(3) 恒温　检查电气单元接线正常后，开动恒温控制器电源开关，将定温旋钮放在适当位置，使色谱柱和热导池都恒温在$50℃$。

(4) 加桥流　打开热导检测器电气单元总开关，用"电流调节"旋钮将桥流加到$150mA$，同时启动记录仪，记录仪的指针应指在零点附近某一位置。

(5) 调零　按仪器使用说明书的规定，用热导池电气单元上的"调零"和"池平衡"旋钮将电桥调平衡，用"记录调零"的旋钮将记录器的指针调至量程中间位置，待基线稳定后即可进行测定。

2. 进样

将装有气体试样的球胆（使用球胆取样应在取样后立即分析，以免试样发生变化，造成误差）经过滤管进入六通阀气样口，六通阀旋钮旋到取样位置，这时气体试样进入定量管（可用$1mL$定量管）然后将六通阀右旋$60°$，气样即随载气进入色谱柱，观察记录仪上出现的色谱峰。

3. 定性

用秒表记录下各组分的保留时间，然后用纯气一一对照。

4. 定量

在上述桥流、温度、载气流速等操作条件恒定的情况下，取未知试样和标准试样，分别进样$1mL$，记录其色谱图。注意在各组分出峰前，应根据其大致的含量和记录仪的量程把衰减旋钮放在适当的位置。由得到的色谱图测量各组分的峰面积。同时做重复实验取其平均值。

5. 停机

仪器使用完毕，依次关闭记录仪、热导电气单元、恒温控制器、电源开关，待仪器冷却后再停载气。

五、数据处理

1. 采用峰高乘半峰宽的方法计算峰面积。

2. 各组分的校正系数K_i的求法：半水煤气标样，用化学分析法作全分析，测出其中各组分的体积分数（$C_{i标}$）之后，除以相应的峰面积（$A_{i标}$），求出各组分的K_i值。

$$K_i = \frac{C_{i标}}{A_{i标}} \times 100\%$$

3. 未知试样中出峰组分的体积分数按下式计算：

$$C_{i标} = K_i A_{i标} \times 100\%$$

式中　$C_{i标}$——试样中的组分的百分含量，%；

　　　K_i——校正系数；

　　　$A_{i标}$——试样中各组分的峰面积。

$$w(H_2) = 100\% - [w(CO_2) + w(CO) + w(N_2) + w(CH_4)]$$

六、关键技术

1. 如果利用双气路国产SP2302型或SP2305型成套仪器进行半水煤气分析，可在一柱中装 GDX-104，另一柱中装 13X 分子筛，分别测定 CO_2 及其他组分，这种方法由于需要两次进样，误差较大。

2. 各种型号仪器的实际电路和调节旋钮名称不完全相同，具体操作步骤应参照仪器说明书。

3. 如果热导池电气单元输出信号线路上，装有"反向开关"可将基线调至记录仪的一端，待 CO_2 出峰完毕后，改变输出信号方向，这样可以利用记录仪的全量程，提高测定精度。

检验报告单

项目名称：＿＿＿＿＿＿＿＿＿＿＿＿＿＿＿＿＿＿

任务名称：＿＿＿＿＿＿＿＿＿＿＿＿＿＿＿＿＿＿

根据中华人民共和国＿＿＿＿＿＿＿＿＿＿＿＿＿＿＿＿＿＿＿＿＿＿（国家技术标准）

检验参数	指　标	检验结果
大气中二氧化硫的测定		
大气中二氧化氮的测定		
半水煤气的测定——化学分析法		
半水煤气的测定——气相色谱法		

结论		报告人（签字）	
		报告人（签字）	
		审核人（签字）	
		班长（签字）	

化工生产过程分析

子情境一 硫酸生产过程分析

一、硫铁矿中总硫含量的测定

（一）情境描述

采用硫酸钡沉淀法测定硫铁矿中硫的含量。掌握硫酸矿石中总硫含量的测定原理和操作；掌握硫铁矿试样分解的操作步骤；熟练重量分析法的基本操作。了解硫酸生产的工艺分析。

（二）测定原理

将硫铁矿溶解于逆王水中，硫铁矿中的硫被氧化为硫酸根离子，硫铁矿中的硫酸盐也溶解进入溶液。用氨水沉淀分离铁盐后，用氯化钡沉淀硫酸根离子为硫酸钡，过滤、洗涤、干燥、灼烧、称量。由硫酸钡质量计算总硫含量。

$$FeS_2 + 5HNO_3 + 3HCl \stackrel{}{=\!=\!=} 2H_2SO_4 + FeCl_3 + 5NO\uparrow + 2H_2O$$
$$S + KClO_3 + H_2O \stackrel{}{=\!=\!=} H_2SO_4 + KCl$$

（三）仪器及试剂

仪器

电子分析天平　　　　　真空泵　　　　　烘箱　　　P₁₆号微孔砂芯漏斗

试剂

1. 盐酸；

2. 硝酸；

3. 逆王水　3 体积硝酸和 1 体积盐酸，使用前临时混合；

4. 氨水　20g/L：取 80mL 浓氨水，稀释为 1L；

5. 盐酸　1+9；

6. 氯化钡溶液　100g/L；

7. 硝酸银溶液　10g/L；

8. 氯酸钾；

9. 甲基橙指示剂溶液　1g/L。

（四）测定过程

1. 准确称取硫铁矿试样 0.1～0.2g（精确至 0.0002g）于烧杯中。加氯酸钾约 0.1g，盖上表面皿。加入 10～15mL 逆王水。摇匀，静置，使其缓慢反应、溶解。

2. 将溶液及不溶残渣转移于蒸发皿中。以少量水充分洗涤烧杯及表面皿 5～6 次，洗涤液并入溶液中，于沸水浴上蒸发至干涸（防止溅失）。加盐酸约 5mL，再蒸发至干。以盐酸润湿残渣，加热水 50～60mL 并加热至接近沸腾。

3. 在不断搅拌下，加 20g/L 氨水至有显著氨味。湿热约 20min 后，以快速滤纸倾泻过滤，以热水充分洗涤沉淀至无氯离子反应（用 10g/L 硝酸银溶液试验）。

4. 向滤液中加甲基橙指示剂溶液 4～5 滴，加（1＋9）盐酸至呈红色，再过量 3～4mL。加热接近沸腾，在不断搅拌下，缓缓加入 10mL 100g/L 氯化钡溶液至沉淀完全。

5. 温热约 30min 后，于室温下静置 1h，用已经在 900～950℃灼烧至恒重的玻璃坩埚过滤，于 900～950℃灼烧至恒重。

（五）数据处理

试样中总硫的含量按下式计算：

$$w(S) = \frac{m_1 M_S}{M_{BaSO_4} m} \times 100\%$$

式中　$w(S)$——试样中总硫的质量分数，%；

　　　m_1——硫酸钡沉淀的质量，g；

　　　m——试样的质量，g；

　　　M_S——硫的摩尔质量，g/mol；

　　M_{BaSO_4}——硫酸钡的摩尔质量，g/mol。

（六）关键技术

1. 试样分解过程中，如果反应过于缓慢，可以微微加热至反应激烈后，及时离开热源，待其反应、分解完全。

2. 试样分解完全后，不溶残渣，应该为白色或颜色很浅。如残渣为黑色，则试样应进行熔剂熔融处理。

3. 加入沉淀剂前，如果溶液体积过大，应该蒸发浓缩至约 150～200mL。

二、硫酸产品中硫酸含量的测定

（一）情境描述

采用酸碱滴定法测定硫酸产品中硫酸含量。掌握硫酸含量的测定原理和操作；掌握减量法称取硫酸试样的操作步骤；熟练滴定分析操作技术；混合指示剂的优点及使用方法。

（二）测定原理

以甲基红-亚甲基蓝为指示剂，用氢氧化钠标准滴定溶液中和滴定，测得硫酸含量。

（三）仪器及试剂

仪器

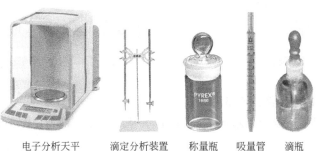

电子分析天平　　　滴定分析装置　　称量瓶　　吸量管　　滴瓶

试剂

1. 氢氧化钠标准滴定溶液　0.5mol/L；

2. 甲基红-亚甲基蓝混合指示剂　2份1g/L甲基红乙醇溶液与1份1g/L亚甲基蓝乙醇溶液混合。

（四）测定过程

1. 用已称量的带磨口盖的小称量瓶，称取约0.7g试样（精确至0.0001g）小心移入盛有50mL水的250mL锥形瓶中，冷却至室温，备用。

2. 于上述试液中，加2～3滴混合指示剂，用氢氧化钠标准滴定溶液滴定至溶液呈灰绿色为终点。

（五）数据处理

硫酸的含量按下式计算：

$$w(\mathrm{H_2SO_4}) = \frac{cVM_{\mathrm{H_2SO_4}}}{2m} \times 100\%$$

式中　V——滴定耗用的氢氧化钠标准滴定溶液的体积，mL；

c——氢氧化钠标准滴定溶液的实际浓度，mol/L；

m——试样的质量，g；

$M_{\mathrm{H_2SO_4}}$——硫酸的摩尔质量，g/mol。

（六）关键技术

1. 浓硫酸容易吸水，称取试样时动作要迅速。

2. 终点颜色确定正确。

三、发烟硫酸中游离三氧化硫含量的测定

（一）情境描述

采用滴定法测定发烟硫酸产品中三氧化硫含量。掌握三氧化硫含量的测定原理和操作；掌握安瓿球称取易挥发试样的操作步骤；熟练滴定分析操作技术。

（二）测定原理

以甲基红-亚甲基蓝为指示剂，用氢氧化钠标准滴定溶液中和滴定，测得总硫酸含量，由测得的总硫酸含量换算成游离三氧化硫含量。

（三）仪器及试剂

仪器

电子分析天平　　　滴定分析装置　　　称量瓶　　　　玻璃安瓿瓶

试剂

1. 氢氧化钠标准滴定溶液0.5mol/L；

2. 甲基红-亚甲基蓝混合指示剂2份1g/L甲基红乙醇溶液与1份1g/L亚甲基蓝乙醇溶液混合。

（四）测定过程

1. 准确称量安瓿球质量（精确至 0.0001g），然后在微火上烤热球部，迅速将毛细管部分插入试样中，吸入约 0.7g 试样，立即用火焰将毛细管顶端烧结封闭，并用小火将毛细管外壁所沾上的酸液烤干，重新称量。

将已称量的安瓿球放入盛有 100mL 水的具磨口塞的 250mL 锥形瓶中，塞紧瓶塞，用力振摇以粉碎安瓿球，继续振荡直至雾状三氧化硫气体消失，打开瓶塞，用水冲洗瓶塞，再用玻璃棒轻轻压碎安瓿球的毛细管，用水冲洗瓶颈及玻璃棒，备用。

2. 于上述试液中，加 2～3 滴混合指示剂，用氢氧化钠标准滴定溶液滴定至溶液呈灰绿色为终点。

（五）数据处理

发烟硫酸中游离三氧化硫的含量按下式计算：

$$w(H_2SO_4) = \frac{cVM_{H_2SO_4} \times 10^{-3}}{2m_{样}} \times 100\%$$

$$w(游离\ SO_3) = 4.444 \times [100\% - w(H_2SO_4)]$$

式中 $w(H_2SO_4)$——总硫酸的含量，%；

V——滴定耗用的氢氧化钠标准滴定溶液的体积，mL；

c——氢氧化钠标准滴定溶液的实际浓度，mol/L；

$m_{样}$——试样的质量，g；

4.444——游离三氧化硫的换算系数。

（六）关键技术

1. 用安瓿球吸取发烟硫酸试样，要用小烧杯罩住安瓿球，以防止安瓿球爆炸伤人。
2. 用安瓿球吸取试样的操作应在通风橱中进行。

必备知识

一、化工产品分类

化工产品种类繁多，一般可分为有机化工产品和无机化工产品两大类。按行业属性的不同也可分为化学矿、无机化工原料、有机化工原料、化学肥料、农药、高分子聚合物、涂料及无机颜料、染料及有机颜料、信息用化学品、化学试剂、食品和试料添加剂、合成药品、日用化学品、胶黏剂、橡胶制品、催化剂及化学助剂、火工品及其他化学品等 18 类。

二、化工产品分析

化工产品应符合产品采用标准中相应规格和要求的各项指标，如外观、颜色、粒度、黏度、杂质等，产品的质量通常以纯度或浓度来表示。有机化工产品的检验项目，除主要成分和杂质的含量外，还有物理常数方面的项目。杂质项目一般有水分、游离酸或碱、不挥发物或灼烧残渣、无机盐或金属等。物理常数方面的项目有馏程、熔点或凝固点、密度、溶解度、色度或透明度等。

三、化工产品分析方法

化工产品分析方法按测定原理不同，可分为化学分析法和仪器分析法。化学分析法是以化学反应为基础的分析方法，它分为滴定分析法和称量分析法，化学分析法是化工产品分析中较为完善的一种常规分析方法，常用于产品的常量及半微量的分析检验上。仪器分析法是借助仪器测量产品的物理或物理化学性质，以求出待测组分含量的分析方法。仪器分析法具有快速、准确等优点，常用在产品的半微量和微量的测定。

子情境二　氢氧化钠产品中铁含量的测定

一、情境描述

采用分光光度法测定氢氧化钠中的铁。掌握测定铁的原理和方法；掌握测定铁条件的选择方法；掌握标准曲线的绘制。

二、测定原理

用盐酸羟胺将试样溶液中 Fe^{3+} 还原成 Fe^{2+}，在缓冲溶液（pH＝4.9）体系中 Fe^{2+} 同邻菲啰啉生成橘红色配合物，在波长 510nm 下测定该配合物的吸光度。在标准曲线查出铁的含量。

$$3 \text{（邻菲啰啉）} + Fe^{2+} \longrightarrow \text{[Fe（邻菲啰啉）}_3\text{]}^{2+}$$

三、仪器及试剂

仪器

分光光度计

电子分析天平

电热板

容量瓶

试剂

1. 盐酸羟胺溶液　10g/L；

2. 醋酸-醋酸钠缓冲溶液（pH＝4.9）　称取 272g 乙酸钠（$CH_3COONa \cdot 3H_2O$），溶于水，加 240mL 冰醋酸，稀释至 1000mL；

3. 铁标准贮备液（0.200mg/mL）　称取硫酸亚铁铵 $[(NH_4)_2Fe(SO_4)_2 \cdot 3H_2O]$ 1.4043g（准确至 0.0001g），溶于 200mL 水中，加入 20mL 硫酸（ρ＝1.84），冷却至室温，移入 1000mL 容量瓶中，稀释至刻度，摇匀；

4. 铁标准使用液（0.010mg/mL）　取 25.00mL 铁标准贮备溶液，移入 500mL 容量瓶中，稀释至刻度，摇匀。该溶液要在使用前配制；

5. 邻菲啰啉溶液　2.5g/L。

四、测定过程

1. 绘制标准曲线

准确移取铁标准使用液 0.00mL、1.00mL、2.00mL、4.00mL、6.00mL、8.00mL、

10.00mL 于七支 100mL 容量瓶中，加水至约 40mL，加 3.0mL 10g/L 盐酸羟胺溶液，10mL pH＝4.9 乙酸-乙酸钠缓冲溶液，5.0mL 2.5g/L 邻菲啰啉溶液。用水稀释至刻度，摇匀。放置 15min，在波长 510nm 测吸光度。以测得的吸光度为纵坐标，相对应的铁质量（μg）为横坐标绘制标准曲线。

2. 样品的处理

准确称取 15～20g 氢氧化钠样品（精确至 0.0001g）。移入 500mL 烧杯中，加水溶解约至 120mL，加 2～3 滴甲基橙指示剂，用盐酸中和至橙色，煮沸 2min，冷却至室温后移入 250mL 容量瓶中，用水稀释至刻度、摇匀。

3. 样品的测定

取 50.00mL 试样溶液移入 100mL 容量瓶中，加 3.0mL 10g/L 盐酸羟胺溶液、10mL pH＝4.9 乙酸-乙酸钠缓冲溶液及 5.0mL 2.5g/L 邻菲啰啉溶液。用水稀释至刻度，摇匀。放置 15min，在波长 510nm 处。测定溶液的吸光度。在标准曲线上查出铁的质量。

五、数据处理

以质量分数表示的三氧化二铁的含量按下式计算：

$$w(\text{Fe}) = \frac{m_1 \times 10^{-6}}{m \times \dfrac{50.00}{250}} \times 100\%$$

式中　m_1——试液吸光度相对应的铁的质量，μg；

　　　m——试样的质量，g；

　50.00——分取试液的体积，mL；

　　250——试液的体积，mL。

六、关键技术

1. 显色过程中，每加一种试剂都要摇匀。

2. 试样和工作曲线测定的实验条件应保持一致，所以最好两者同时显色同时比色。

3. 待测试样应完全透明，如有浑浊，应预先过滤。

子情境三　工业硫酸铝生产过程分析

一、情境描述

采用滴定法测定铝矿石中铝。掌握返滴定法测定铝的方法；掌握氧化-还原滴定法测定铁的方法；了解工业硫酸铝生产工艺。

二、测定原理

1. 铝的测定

试样中的铝与已知过量的乙二胺四乙酸二钠反应，生成配合物。在 pH 值约为 6 时，以二甲酚橙为指示剂，用锌标准滴定溶液滴定过量的乙二胺四乙酸二钠。

2. 铁的测定

在盐酸介质中先以二氯化锡还原大部分三价铁，滴加 $SnCl_2$ 还原剩余的三价铁为二价铁，以二苯胺磺酸钠为指示剂，用重铬酸钾标准滴定溶液滴定二价铁。

三、仪器及试剂

仪器

 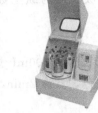 

粉碎机　　　　　球磨机　　　　　　标准筛　　　　　反应釜

试剂

1. 氨水　1∶1;

2. 乙酸钠溶液　272g/L（含 3H$_2$O）;

3. ZnCl$_2$ 标准滴定溶液　0.025mol/L;

4. EDTA 标准溶液　0.05mol/L;

5. 二甲酚橙溶液　2g/L;

6. 重铬酸钾标准滴定溶液　0.07mol/L;

7. HgCl$_2$ 饱和溶液(6g/L)　6g 溶于 100mL 热水中;

8. SnCl$_2$ 溶液　100g/L;

9. 硫、磷混酸溶液　300mL 水中加 100mL 浓硫酸和 40mL 磷酸;

10. 盐酸;

11. 二苯胺磺酸钠指示剂　5g/L。

四、测定过程

1. 试样处理

方法一：称取 40g 过 60 目筛的矾土，在 650℃ 焙烧 2h 后，投入到硫酸中（硫酸 29.5mL，水 60mL），在 125～130℃CaCl$_2$ 液浴中反应 2h，并在反应中每 10min 搅拌一次，加热水约 10mL，反应物不应有固结，反应完毕后，用热水约 100～200mL 稀释，并充分搅拌，过滤，滤液转移至 1000mL 容量瓶中，并冷却至室温后稀至刻度，摇匀，备用。

方法二：称取 40g 过 60 目筛的矾土，在 650℃ 焙烧 2h 后，投入到硫酸中（硫酸 29.5mL，水 60mL），在 125～130℃ CaCl$_2$ 液浴中反应 2h，并在反应中每 10min 搅拌一次，加热水约 10mL，反应物不应有固结，反应完毕后，用热水 100～200mL 稀释，并充分搅拌，过滤，滤液转移至 1000mL 容量瓶中，并冷却至室温后稀至刻度，摇匀，备用。

2. Al$_2$O$_3$ 的测定

准确移取 2.00mL 试液于 250mL 锥形瓶中，加 25mL 水，移入 EDTA 溶液 20mL，加刚果红试纸一小片，用1∶1氨水调至紫红色煮沸 1min，冷却后加入 5mL NaAc 溶液和 2 滴二甲酚橙指示剂（黄色），用 ZnCl$_2$ 标准滴定溶液滴至浅粉红色，同时做空白。

3. Fe 的测定

准确移取 20.00mL 试样（如液体试样移取 20mL 称重）液于 250mL 锥形瓶中，加入 4mL 盐酸，加 20mL 水，加热至近沸时，滴加 SnCl$_2$ 溶液至无色后，过量一滴，加 100mL 水迅速冷却，加 5mL 100g/L HgCl$_2$ 溶液，20mL S、P 混合酸，2 滴二苯胺磺酸钠指示剂，用 0.07mol/L 重铬酸钾标准滴定溶液滴定至蓝紫色为终点，并在 1min 内不褪色。

五、数据处理

$$w(Al_2O_3) = \frac{c(V_0 - V) \times 10^{-3} M_{Al_2O_3}}{2m \times \frac{2}{1000}} \times 100\% - 0.9128 w(Fe)$$

式中　V——测定氧化铝时消耗氯化锌标准滴定溶液的体积，mL；

　　　V_0——空白试验消耗氯化锌标准滴定溶液的体积，mL；

　　　c——氯化锌标准滴定溶液的浓度，mol/L；

　　　m——样品的质量，g；

　　$M_{Al_2O_3}$——氧化铝的摩尔质量，g/mol。

$$w(Fe) = \frac{6cV \times 10^{-3} M_{Fe}}{m \times \frac{20}{1000}} \times 100\%$$

式中　V——测定铁时消耗重铬酸钾标准滴定溶液的体积，mL；

　　　c——重铬酸钾标准滴定溶液的浓度，mol/L；

　　　m——样品的质量，g；

　　　M_{Fe}——铁的摩尔质量，g/mol。

　　液态硫酸铝中铝、铁含量测定参照矿石中铝、铁含量测定；固态硫酸铝中铝、铁含量测定参照矿石中铝含量测定；铁的测定参照邻二氮测定微量铁的方法。

六、关键技术

1. 试样浸溶要完全。

2. 测定铝时，要严格控制溶液的 pH 值，否则铝与 EDTA 配位不完全。

检验报告单

项目名称：_____

任务名称：_____

根据中华人民共和国_____（国家技术标准）

	检验参数	指　标	检验结果
硫酸生产过程分析	硫铁矿中总硫含量的测定		
	硫酸产品中硫酸含量的测定		
工业硫酸铝生产过程分析	铝矿石中铝含量测定		
	铝矿石中铁含量测定		

结论		报告人（签字）	
		报告人（签字）	
		审核人（签字）	
		班　长（签字）	

附　　录

附录一　委托检验协议书（样品交接单）

委托方(甲方)				承检方(乙方)		
单位名称：				单位名称：		
通讯地址(邮政编码)：				通讯地址(邮政编码)：		
联系人：				联系方式：		
样品信息	样品名称			商　标		
	生产单位			规格/型号		
	生产日期(生产批号)			数　量		
	颜色、状态	___色 □固态 □液态 □气态 □其他		存放要求	□室温 □冷藏 □其他	
	备　注					
委托内容	检验项目：			检验依据： □ 指定检测依据的标准或其他方法 □ 由本中心选定合适标准 □ 同意用本中心确定的非标准		
报告交付	交付方式	□自取　□邮寄　□特快专递　□传真　□其他				
	报告分数	一式___份　其他_____		样品处理	□领回　　□处置	
	交付日期	年　　月　　日			□监护处理___月	
	备　注					
委托人签字： 　　　　　　　　　　　年　月　日				受理人签字： 　　　　　　　　　　　年　月　日		

1. 本协议甲方"委托人"和乙方"受理人"签字后协议生效；

2. 表中所列样品由甲方提供，甲方对样品资料的真实性负责；

3. 乙方按甲方提出的要求和检验项目进行检验，乙方对检验数据的真实性负责；

4. 乙方对样品有疑问或无法按期完成检验工作时，乙方应及时通知甲方；

5. 甲方要求变更委托内容时，应在检验开始前通知乙方，由双方协商解决，必要时重签协议；

6. 乙方负责按双方商定的方式发送检验报告和处理检后样品；

7. 甲方在领取检验报告时，应出示本协议，以免发生误领或冒领。

附录二   《无机产品检验技术》任务单

姓名		学号		班级		成绩	
情境				任务			

一、任务要求解读（国家技术标准）

1. 测定原理

2. 测定过程

3. 计算公式

二、仪器与试剂

1. 仪器

名称	规格	数量	名称	规格	数量

2. 试剂

名称	规格	数量	名称	规格	数量

三、注意事项

四、预习中出现问题

附录三　《无机产品检验技术》数据单——化学分析法

一、_____溶液的标定

标准滴定溶液				基准物质			
序号	1	2	3	4	5	6	备注
$m_{倾样前}$/g							
$m_{倾样后}$/g							
$m($　　$)$/g							
$V_{前}$/mL							
$V_{终}$/mL							
温度/℃							
温度补正值							
$V_{温校}$/mL							
滴定管补正值							
体积补正值/mL							
$V_{实}$/mL							
$V_{空白}$/mL							
c/(mol/L)							
$c_{平均}$(mol/L)							
极差平均值/%							
计算公式							

二、含量的测定

序号	1	2	3	4	5	6	备注
m倾样前							
m倾样后							
$m($ $)$/g							
$V_初$/mL							
$V_终$/mL							
温度/℃							
温度补正值							
$V_{温校}$/mL							
滴定管补正值							
体积补正值/mL							
$V_实$/mL							
$V_{空白}$/mL							
$c_{平均}$/(mol/L)							
w(样品)/%							
w(平均)/%							
极差平均值/%							
计算公式							

附录四　《无机产品检验技术》数据单——仪器分析法

一、定性分析-标准物质的吸收曲线

标准物质的种类：_____；　标准滴定溶液浓度：_____；皿差_____

波长/nm										
吸光度										

波长/nm					
吸光度					

波长/nm					
吸光度					

二、未知试样的定量分析

1. 标准曲线的绘制

测量波长：_____；　标准滴定溶液浓度：_____；容量瓶体积：_____mL

溶液代号	吸取标液体积/mL	$\rho/(ug/mL)$	A
0			
1			
2			
3			
4			
5			
6			
备注			

2. 未知物含量的测定

未知溶液稀释倍数：_____

平行测定次数	1	2
吸光度 A		
查得的浓度/($\mu g/mL$)		
原始试液浓度/($\mu g/mL$)		
备注		

三、计算公式

四、定量分析结果：未知物的浓度为_____。

附录五　常用物质的分子式及摩尔质量

物质	摩尔质量	物质	摩尔质量
$AgNO_3$	169.87	$CuCl_2$	134.45
$AlCl_3$	133.34	$CuCl_2 \cdot 2H_2O$	170.48
$Al_2(SO_4)_3$	342.14	$Cu(NO_3)_2$	187.56
$Al_2(SO_4)_3 \cdot 18H_2O$	666.41	$CuSO_4$	159.06
$BaCl_2$	208.42	$CuSO_4 \cdot 5H_2O$	249.68
$BaCl_2 \cdot 2H_2O$	244.27	$FeCl_2 \cdot 4H_2O$	198.81
$BaSO_4$	233.39	$FeCl_3$	162.21
$CaCO_3$	100.09	$FeCl_3 \cdot 6H_2O$	270.30
CaC_2O_4	128.10	$FeNH_4(SO_4)_2 \cdot 12H_2O$	482.18
$CaCl_2$	110.99	$FeSO_4$	151.91
$CaCl_2 \cdot 6H_2O$	219.08	$FeSO_4 \cdot 7H_2O$	287.01
CH_3COOH	60.05	$Fe(NH_4)_2(SO4)_2 \cdot 6H_2O$	392.13
$H_2C_2O_4$	90.04	$HCOOH$	46.03
$H_2C_2O_4 \cdot 2H_2O$	126.07	KI	166.00
HCl	36.46	KIO_3	214.00
HF	20.01	$KMnO_4$	158.03
HNO_3	63.01	KNO_3	101.10
H_2O_2	34.02	KOH	56.11
$KAl(SO_4)_2 \cdot 12H_2O$	474.38	K_2SO_4	174.25
KBr	119.00	$MnSO_4$	151.00
$KBrO_3$	167.00	$MnSO_4 \cdot 4H_2O$	223.06
KCl	74.55	NH_3	17.03
$KClO_3$	122.55	CH_3COONH_4	77.08
$KClO_4$	138.55	NH_4Cl	53.49
K_2CrO_4	194.19	$(NH_4)_2C_2O_4$	124.10
$K_2Cr_2O_7$	294.18	$(NH_4)_2C_2O_4 \cdot H_2O$	142.11
$K_3Fe(CN)_6$	329.25	NH_4SCN	76.12
$KHC_4H_4O_6$	188.18	NH_4NO_3	80.04
Na_2CO_3	105.99	$(NH_4)_2HPO_4$	132.06
$Na_2C_2O_4$	134.00	$(NH_4)_2SO_4$	132.13
CH_3COONa	82.03	$Na_2B_4O_7$	201.22
$CH_3COONa \cdot 3H_2O$	136.08	$Na_2B_4O_7 \cdot 10H_2O$	381.37
$NaCl$	58.44	SiO_2	60.08
$Na_2H_2Y \cdot 2H_2O$	372.24	$ZnCl_2$	136.29
$NaNO_2$	69.00	$Zn(CH_3COO)_2$	183.47
$NaNO_3$	85.00	$Zn(CH_3COO)_2 \cdot 2H_2O$	219.50
$Na_2S_2O_3 \cdot 5H_2O$	248.17	ZnO	81.38

附录六　常用指示剂

1. 酸碱指示剂

名　称	变色范围(pH 值)	颜色变化	溶液配制方法
甲基橙	3.1～4.4	红～黄	1g/L 水溶液
溴酚蓝	3.0～4.6	黄～紫	0.4g/L 乙醇溶液
刚果红	3.0～5.2	蓝紫～红	1g/L 水溶液
溴甲酚绿	3.8～5.4	黄～蓝	1g/L 乙醇溶液
甲基红	4.4～6.2	红～黄	1g/L 乙醇溶液
溴甲酚紫	5.2～6.8	黄～紫	1g/L 乙醇溶液
溴百里酚蓝	6.0～7.6	黄～蓝	1g/L50％乙醇溶液
中性红	6.8～8.0	红～亮黄	1g/L 乙醇溶液
酚酞	8.2～10.0	无～红	10g/L 乙醇溶液
百里酚酞	9.4～10.6	无～蓝	1g/L 乙醇溶液

2. 酸碱混合指示剂

名　称	变色点	颜色		配制方法	备　注
		酸色	碱色		
溴甲酚绿-甲基红	5.1	酒红	绿	3 份 1g/L 溴甲酚绿乙醇溶液 1 份 2g/L 甲基红乙醇溶液	
甲基红-亚甲基蓝	5.4	红紫	绿	2 份 1g/L 甲基红乙醇溶液 1 份 1g/L 亚甲基蓝乙醇溶液	pH=5.2 红紫 pH=5.4 暗蓝 pH=5.6 绿
溴甲酚绿-氯酚红	6.1	黄绿	蓝紫	1 份 1g/L 溴甲酚绿钠盐水溶液 1 份 1g/L 氯酚红钠盐水溶液	pH=5.8 蓝 pH=6.2 蓝紫
溴甲酚紫-溴百里酚蓝	6.7	黄	蓝紫	1 份 1g/L 溴甲酚紫钠盐水溶液 1 份 1g/L 溴百里酚蓝钠盐水溶液	
中性红-亚甲基蓝	7.0	紫蓝	绿	1 份 1g/L 中性红乙醇溶液 1 份 1g/L 亚甲基蓝乙醇溶液	pH=7.0 蓝紫
溴百里酚蓝-酚红	7.5	黄	紫	1 份 1g/L 溴百里酚蓝钠盐水溶液 1 份 1g/L 酚红钠盐水溶液	pH=7.2 暗绿 pH=7.4 淡紫 pH=7.6 深紫

3. 金属指示剂

名　称	颜色		配制方法
	化合物	游离态	
铬黑 T(EBT)	红	蓝	1. 称取 0.50g 铬黑 T 和 2.0g 盐酸羟胺,溶于乙醇,用乙醇稀释至 100mL。使用前制备(加三乙醇胺) 2. 将 1.0g 铬黑 T 与 100.0g NaCl 研细,混匀
二甲酚橙(XO)	红	黄	2g/L 水溶液(去离子水)
钙指示剂	酒红	蓝	0.50g 钙指示剂与 100.0g NaCl 研细,混匀
紫脲酸铵	黄	紫	1.0g 紫脲酸铵与 200.0g NaCl 研细,混匀
K-B 指示剂	红	蓝	0.50g 酸性铬蓝 K 加 1.250g 萘酚绿,再加 25.0g K_2SO_4 研细,混匀
磺基水杨酸	红	无	10g/L 水溶液

续表

名　称	颜色		配　制　方　法
	化合物	游离态	
PAN	红	黄	2g/L 乙醇溶液
Cu-PAN(CuY+PAN)	Cu-PAN 红	CuY-PAN 浅绿	0.05mol/L Cu^{2+} 溶液 10mL,加 pH＝5～6 的 HAc 缓冲溶液 5mL,1滴 PAN 指示剂,加热至 60℃左右,用 EDTA 滴至绿色,得到约 0.025mol/L 的 CuY 溶液。使用时取 2～3mL 于试液中,再加数滴 PAN 溶液

4. 氧化还原指示剂

名　称	变色点 电压/V	颜色		配　制　方　法
		氧化态	还原态	
二苯胺磺酸钠	0.85	紫	无	5g/L 水溶液
邻菲啰啉-Fe(Ⅱ)	1.06	淡蓝	红	0.5g FeSO$_4$ · 7H$_2$O 溶于 100mL 水中,加 2 滴硫酸,再加 0.5g 邻菲啰啉
邻苯氨基苯甲酸	1.08	紫红	无	0.2g 邻苯氨基苯甲酸,加热溶解在 100mL 0.2% Na$_2$CO$_3$ 溶液中,必要时过滤
淀粉				1g 可溶性淀粉加少许水调成糊状,在搅拌下注入 100mL 沸水中,微沸 2min,放置,取上层清液使用(若要保持稳定,可在研磨淀粉时加 1mg HgI$_2$)

附录七　常用缓冲溶液

组　成	pH 值	配制方法
NaAc-HAc	3.6	取 NaAc 4.8g 溶于适量水中,加 6mol/L HAc 134mL,用水稀释至 500mL
NaAc-HAc	4.0	取 NaAc 16g 和 60mL 冰醋酸溶于 100mL 水中,用水稀释至 500 mL
KHC$_8$H$_4$O$_4$	4.01	称取 115℃±5℃下烘干 2～3h 的 KHC$_8$H$_4$O$_4$10.21g,溶于蒸馏水,在容量瓶中稀释至 1L
NaAc-HAc	4.3	取 NaAc 20.4g 和 25mL 冰醋酸溶于适量水中,用水稀释至 500 mL
NaAc-HAc	4.5	取 NaAc 30g 和 30mL 冰醋酸溶于适量水中,用水稀释至 500 mL
NaAc-HAc	5.0	取 NaAc 60g 和 30mL 冰醋酸溶于适量水中,用水稀释至 500 mL
六亚甲基四胺	5.4	取六亚甲基四胺 40g 溶于 90mL 水中,加入 20mL 6mol/L HCl
NaAc-HAc	5.7	取 NaAc 60.3g 溶于适量水中,加 6mol/L HAc13mL,用水稀释至 500 mL
Na$_2$HPO$_4$-KH$_2$PO$_4$	6.86	称取 115℃±5℃下烘干 2～3h 的 Na$_2$HPO$_4$3.55g 和 3.40g KH$_2$PO$_4$ 溶于蒸馏水,在容量瓶中稀释至 1L
NH$_4$Ac	7.0	取 NH$_4$Ac 77g 溶于适量水中,用水稀释至 500mL
NH$_4$Cl-NH$_3$ · H$_2$O	7.5	取 NH$_4$Cl 66g 溶于适量水中,加浓氨水 1.4mL,用水稀释至 500mL
NH$_4$Cl-NH$_3$ · H$_2$O	8.0	取 50g NH$_4$Cl 溶于适量水中,加浓氨水 3.5mL,用水稀释至 500mL
NH$_4$Cl-NH$_3$ · H$_2$O	8.5	取 NH$_4$Cl 40g 溶于适量水中,加浓氨水 8.8mL,用水稀释至 500mL
NH$_4$Cl-NH$_3$ · H$_2$O	9.0	取 NH$_4$Cl 35g 溶于适量水中,加浓氨水 24mL,用水稀释至 500mL
Na$_2$B$_4$O$_7$ · 10H$_2$O	9.18	称取 Na$_2$B$_4$O$_7$ · 10H$_2$O 3.81g(注意不能烘),溶于蒸馏水,在容量瓶中稀释至 1L
NH$_4$Cl-NH$_3$ · H$_2$O	9.5	取 NH$_4$Cl 30g 溶于适量水中,加浓氨水 65mL,用水稀释至 500mL
NH$_4$Cl-NH$_3$ · H$_2$O	10.0	取 NH$_4$Cl 27g 溶于适量水中,加浓氨水 175mL,用水稀释至 500mL
NH$_4$Cl-NH$_3$ · H$_2$O	11.0	取 NH$_4$Cl 3g 溶于适量水中,加浓氨水 207mL,用水稀释至 500mL

附录八 常用基准物的干燥条件

基准物		干燥后	干燥条件/℃	标定对象
物质	化学式			
碳酸钠	$Na_2CO_3 \cdot 10H_2O$	Na_2CO_3	$270\sim300$	酸
硼砂	$Na_2B_4O_7 \cdot 10H_2O$	$Na_2B_4O_7 \cdot 10H_2O$	放在含 NaCl 和蔗糖饱和液的干燥器中	酸
草酸	$H_2C_2O_4 \cdot 2H_2O$	$H_2C_2O_4 \cdot 2H_2O$	室温空气干燥	碱或 $KMnO_4$
邻苯二甲酸氢钾	$KHC_8H_4O_4$	$KHC_8H_4O_4$	$110\sim120$	碱
重铬酸钾	$K_2Cr_2O_7$	$K_2Cr_2O_7$	$140\sim150$	还原剂
草酸钠	$Na_2C_2O_4$	$Na_2C_2O_4$	130	氧化剂
氧化锌	ZnO	ZnO	$900\sim1000$	EDTA
氯化钠	NaCl	NaCl	$500\sim600$	$AgNO_3$

参 考 文 献

[1] 张小康，张正兢. 工业分析. 北京：化学工业出版社，2011.

[2] 中国建筑材料科学研究院水泥所. 水泥及其原料化学分析. 北京：中国建筑出版社，1995.

[3] 王英健，杨永红. 环境监测. 北京：化学工业出版社，2004.

[4] 谢治民，易兵. 工业分析. 北京：化学工业出版社，2011.

[5] 李广超. 工业分析. 北京：化学工业出版社，2007.

[6] 吉分平. 工业分析. 北京：化学工业出版社，1998.

[7] 张燮. 工业分析化学. 北京：化学工业出版社，2010.

[8] 黄一石，乔子荣. 定量化学分析. 北京：化学工业出版社，2004.

[9] 付云红. 工业分析. 北京：化学工业出版社，2009.

[10] 梁红. 工业分析. 北京：中国环境科学出版社，2010.

[11] 师兆忠. 工业分析实战教程. 北京：化学工业出版社，2010.

[12] 陈建华. 工业分析. 北京：科学出版社，2011.

[13] 徐伏秋，杨刚宾. 硅酸盐工业分析. 北京：化学工业出版社，2010.

[14] 王建梅，王桂芝. 工业分析. 北京：高等教育出版社，2007.